중3이
알아야 할
수학의
절대지식

중3이 알아야 할 수학의 절대지식

1판 1쇄 2015년 11월 20일
    2쇄 2021년 4월 10일

지 은 이 나숙자

발 행 인 주정관
발 행 처 북스토리㈜
주　　소 서울특별시 마포구 양화로 7길 6-16 서교제일빌딩 201호
대표전화 02-332-5281
팩시밀리 02-332-5283
출판등록 1999년 8월 18일 (제22-1610호)
홈페이지 www.ebookstory.co.kr
이 메 일 bookstory@naver.com

ISBN 979-11-5564-113-2 44410
       979-11-5564-010-4 (세트)

이 도서의 국립중앙도서관 출판시도서목록(CIP)은 e-CIP 홈페이지
(http://www.nl.go.kr/ecip)에서 이용하실 수 있습니다.
(CIP제어번호 : CIP2015028965)

중3이
알아야 할
수학의
절대지식

꼼지샘 나숙자 지음

북스토리

중학생이 알아야 할 수학의 절대지식!

드디어 중학교 3학년 편이다. 지금까지 〈중학생이 알아야 할 수학의 절대지식〉 시리즈를 함께해 준 친구들에게 어떤 얘기를 더 해야 하나 잠시 고민하다 그래도 난 수학 교사였고, 또 수학을 떠나서 살아 본 적이 없는 사람으로서 할 수 있는 얘기는 뻔하다는 것을 알았다.

뻔한 얘기 하기 전에 한마디만 하자. 지금 당장 수학을 못해도 괜찮다. 수학이 필요하다 싶을 때, 그때 집중적으로 하면 된다. 공부도 때가 있다고 하지만 그것은 좀 더 쉬운 때가 있다는 것이지 정해진 때가 있다는 말은 아니다.

내가 아는 학생 중에 고등학교 수학 성적이 평균 40점이 안 되던 친구가 있었다. 그런데 그 친구가 지금 고등학교 수학, 그것도 이과 수학을 가르치는 인기 있는 수학 강사가 되었다. 이런 얘기를 들었을 때 우리 친구들은 어떤 생각이 드는가? 그렇다. 언제라도 수학이 필요해지면 잘하기 위해 노력하게 되고, 노력하다 보면 어느 순간 터득하게 된다. 천부적으로 수학을 잘하는 사람은 드물다. 하지만 누구라도 노력하면 잘할 수 있는 것이 수학이다. 그러니 지금 당장 수학 성적이 안 나온다고 해서 크게 실망하지는 말자.

자, 이제 3학년이 된 친구들에게 뻔한 얘기를 들려줄 차례다. 3학년 친구들이 수학에 갖고 있는 인상은 보통 두 가지다.

"해도 안 되는 수학!" 혹은 "하는 만큼 나오는 수학!"

다가올 고등학교 진학은 수학에 대한 열정을 일깨워준다. 수학이 어려운 친구는 고등학교 때 '수포자'가 되지 않기 위해서, 또 수학이 재밌는 친구는 본격적인 수학 공부에 대한 기대 덕분에 수학을 제대로 공부해보고 싶다는 열망이 생겨날 것이다. 이제 그들의 마음의 소리가 들린다.

"이제는 잘하고 싶다, 수학!" 혹은 "더 잘하고 싶다, 수학!"

이렇게 수학을 잘하고 싶다는 마음만은 다를 바 없는 친구들을 위해 몇 가지 조언을 던질까 한다.

첫째, 수학적 사실을 알기 위해 애쓰는 것보다 먼저 수학적 개념과 원리를 깨닫기 위해 노력할 필요가 있다.

수학도 다른 학문과 마찬가지로 반복 학습이 필수적이지만, 개념이나 원리를 모른 채 수학 100문제를 기계적으로 푸는 것은 수학 실력 향상에 별 도움이 되지 않는다. 오히려 개념과 원리를 정확히 알고 확실히 이해한 후 10문제를 푸는 것이 더 낫다. 이는 수학 공식에도 마찬가지로 적용되는데, 보통 수학 공식만 나오면 그 원리도 모른 채 다짜고짜 외우곤 한다. 하지만 공식이 등장하게 된 원리를 알고 나면 자연히 암기된다는 것을 잊지 말도록 하자.

둘째, 복잡한 것들은 이미지화해서 단순명료하게 표현하는 습관을 갖는 것이 좋다.

우리나라 크기의 약 8배가 된다는 터키를 여행한 적 있다. 현지 가이드는 터키의 지도를 활용하여 앞으로 여행할 곳의 역사나 문화, 종교 그리고 터키인의 삶을 설명해 주었다. 지도 없이 설명을 나열하였다면 자칫 지루하기 십상인 시간이 참으로 알차게 흘러갔다. 백 마디의 말보다 한 장의 이미지가 더 효과적이라는 것을 절감하는 순간이었다.

중학교 수학의 굵은 줄기를 이미지화한 다음의 그림을 보자. 이 그림을 보면 구구절절한 설명 없이도 중학교 수학의 주요 내용이 쉽게 짐작 가능하다. 이처럼 이미지는 우리가 무엇이든 쉽게 이해할 수 있도록 도와준다. 이미지를 활용한 공부가 수학뿐만 아니라 다른 교과목 공부에도 크게 도움이 되는 이유가 바로 여기에 있다.

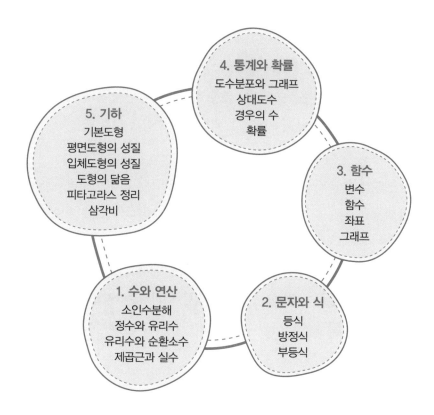

4. 통계와 확률
도수분포와 그래프
상대도수
경우의 수
확률

5. 기하
기본도형
평면도형의 성질
입체도형의 성질
도형의 닮음
피타고라스 정리
삼각비

3. 함수
변수
함수
좌표
그래프

1. 수와 연산
소인수분해
정수와 유리수
유리수와 순환소수
제곱근과 실수

2. 문자와 식
등식
방정식
부등식

마지막으로 20세기를 '전문가의 시대'라고 한다면 21세기는 '통합의 시대'이다.

여기서 '통합' 혹은 '융합'은 과학의 중력을 수학의 함수 및 방정식과 연관 지어 생각하고, 사회의 수요와 공급의 법칙을 수학의 함수 그래프로 표현해내는 것이다. 또 수학을 배우면서 우리가 공부하고 있는 내용들의 기원과 의미, 탄생 배경 등에 관심을 갖는 것도 융합이라고 할 수 있다. 단편적인 수학 지식, 문제 푸는 기술만 학습하는 것이 아니라 수학에 관련된 역사 및 의미를 탐색하여 지식의 융합을 추구하기 때문이다. 이 같은 융합·통합은 보다 창조적 사고를 가능케 한다는 점에서 특히 주목받고 있다. 자, 우리 친구들도 융합·통합적 사고의 훈련을 통해 여러 교과목을 넘나들 수 있는 21세기형 창조적 인재가 되어 보도록 하자.

이 책에서는 중3 수학 교과서에 있는 내용이면서 반드시 알아둬야 하는 개념들을 교과서 체계에 맞춰 정리했다. 크게 6개의 마당, 즉 실수와 연산, 인수분해와 이차방정식, 이차함수, 통계, 피타고라스 정리와 삼각비, 원의 성질로 나누었다. 그중에 분명하게 이해하고 넘어가야 할 공식 원리와 개념은 **교과**에, 수학의 전체 모습을 보기 위해 필요한 재미있는 수학 이야기는 **융합**에 담아뒀다. 그리고 다음과 같은 특징을 담아 구성했다.

1. 수학 공식을 무조건 외우게 하는 것이 아니라, 스스로 만들어 보고 적용하는 방법을 제시했다.
2. 수학 용어에 대한 개념과 원리를 꼼꼼하게 설명했다.
3. 주먹구구식이 아니라 논리에 이야기를 입혔다.
4. 수학의 전체 모습을 보여주기 위해 애썼다.

이 책을 교과서 옆에 챙겨 두고 학교 수업 진도에 맞추어 함께 읽어 나가다 보면, 수업 시간에 놓친 부분을 다잡고 부족한 수학 개념에 대한 이해를 보충할 수 있을 것이다. 중요 개념을 쉽게 설명하고자 한 필자의 노

력이 이 책을 읽는 어린 독자들의 수학 공부에 꼭 필요한 도움으로 이어질 것이라 믿어 의심치 않는다

또 학생들 외에 자녀 교육을 스스로 챙기고자 하는 학부모님들께도 이 책을 권하고 싶다. 수학을 어렵다고 느끼는 분일수록 꼭 한 번 읽어 보시라. 나이가 들수록 암기력은 떨어지나 이해력은 높아지니 이 책을 통해 '지루하고 재미없다'는 수학에 대한 편견을 한 번에 날려 보낼 수 있을 것이다. 온 가족이 둘러앉아 수학에 관한 대화의 장을 넓혀 간다면 그보다 효과적인 교육법이 있을까 싶다. 부모의 관심만큼 아이들의 수학에 대한 흥미도 한층 자라날 것이다.

마지막으로 이 책이 나오기까지 열성을 다해 격려해 준 남편과 아이디어를 제공해 준 두 딸, 특히 비문을 고쳐 주고 예쁘게 다듬어 준 둘째 딸 상희에게 고마움을 전하고 싶다.

나숙자

실수와 연산

인수분해와 이차방정식

 셋째
마당

이차함수

넷째마당 ▶ 통계

다섯째 마당 ▸ 피타고라스 정리와 삼각비

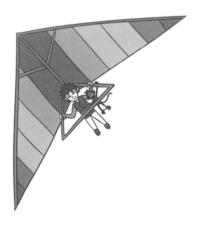

실수와 연산

3대 연산법칙을 아니?

$$\sqrt{a} \times \sqrt{b} = \sqrt{ab}$$

$$\frac{1}{\sqrt{2}-1} = \sqrt{2}+1$$

실수와 연산

용합 연산이 뭐야?

사람들이 가장 만만하게 여기는 수학 계산이 있다. 바로 더하고 빼고 곱하고 나누는 것이다. 이를 다른 말로 '사칙연산'이라고 한다. 만만한 사칙연산! 제대로 한번 알아보자.

사칙연산은 연산의 일종으로, 수나 식을 일정한 법칙에 따라 계산하는 것을 말한다.

2와 -3을 이용하여 연산을 해보자. 덧셈을 하면 $2+(-3)=-1$이고, 곱셈을 하면 $2\times(-3)=-6$이다. 두 수 2와 -3으로부터 덧셈 기호를 거치면 새로운 수 -1이 태어나고, 곱셈 기호를 거치면 새로운 수 -6이 태어난다. 이때 2, -3과 같은 낱낱의 것을 '원소'라 해두면 위의 것들은 두 원소로부터 제3의 원소, 즉 -1 또는 -6이 태어난 셈이다.

　이처럼 두 원소로부터 제3의 원소를 태어나게 하는 것! 그것의 이름이 '이항연산'이다. 이때 '이항二項'은 2개의 원소를 뜻하고, 연산은 주로 2개의 원소를 계산하는 것을 가리키기 때문에 대부분의 연산은 이항연산에 속한다.

　이항연산 중에서 특히 연산 기호 ＋, －, ×, ÷를 써서 계산하는 것의 이름이 사칙연산이다. 그래서 $2+(-3)=-1$, $2-(-3)=5$, $2\times(-3)=-6$, $2\div(-3)=-\dfrac{2}{3}$는 모두 이항연산이고 사칙연산이다.

　이와 같은 사칙연산은 초등학교는 물론이고 중학교와 고등학교의 교과 과정에서도 끊임없이 등장한다. 다만 초등학교에서는 주로 자연수를 대상으로 하고, 중학교에서는 정수, 유리수, 실수를 대상으로 하며, 고등학교에서는 실수를 넘어선 복소수를 대상으로 사칙연산을 하는 차이가 있을 뿐이다. 물론 덧셈과 뺄셈, 나눗셈과 곱셈을 만만하게 보는 친구들은 사칙연산이라는 말에 초등학교에서 배운 자연수를 대상으로 하는 간단한 계산만을 떠올릴 것이다. 하지만 사칙연산은 배움의 단계에 따라 계산하는 수의 대상과 계산의 난이도가 달라진다.

　참고로 연산에는 사칙연산만 있는 것이 아니다. 고등학교에서 배우는 집합의 연산, 행렬 연산, 벡터 연산도 모두 연산의 일종이다. 따라서 연산의 기본이라고 할 수 있는 사칙연산을 제대로 알아두면 다른 연산을 배울 때 크게 도움이 된다.

　사칙연산(＋, －, ×, ÷)과 집합의 연산(∪, ∩, －) 그리고 행렬 연산과 벡터 연산은 모두 각각을 표시하는 기호가 따로 있다. 이와 같은 연산 기호는 모두 계산 순서나 방법에 대한 일정한 규칙을 가지고 있다는 점도 잊지 말자.

지금까지의 내용을 그림으로 나타내면 다음과 같다.

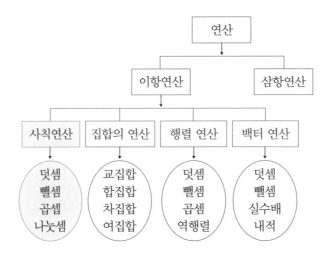

 **사칙연산과 닫혀 있다**

굳게 '닫혀 있는' 문을 상상해 보자. 문이 제대로 닫혀 있다면 문 안쪽의 물건은 절대 문 밖으로 벗어날 수가 없다. 이것이 바로 수학에서 말하는 '닫혀 있다'의 개념이다.

간단한 예를 들어 보자. 백인 두 남녀가 결혼해서 아기를 낳았을 때 아

기가 백인이라면 백인이라는 범주를 벗어나지 않았으므로 그 가족은 '닫
혀 있다'. 그러나 만약에 백인 사이에서 백인이 아니라 흑인이 태어났다
면 그 가족은 닫혀 있지 않는 경우이다.

　자, 이제 자연수를 가지고 사칙연산을 하면서 '닫혀 있다'의 개념을 수
학적으로 알아보자. "어? 중학교 3학년인 우리에게 어울리는 사칙연산
의 대상은 실수 아닌가?" 하는 친구가 있겠지만 여기서의 주인공은 사칙
연산이 아니라 '닫혀 있다'임을 염두에 두자.

　다음 그림을 보자. 2개의 자연수 6과 2를 가지고 덧셈이라는 연산을 하
면 새로운 수 8이 태어난다.

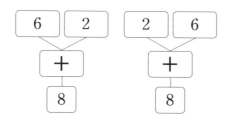

이것을 수식으로 나타내면 6＋2＝8, 2＋6＝8이다.

또 2개의 자연수 6과 2를 가지고 곱셈이라는 연산을 하면 다음과 같이 새로운 수 12가 태어난다.

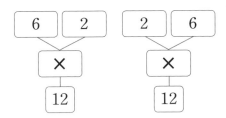

이것 역시 수식으로 나타내면 6×2＝12, 2×6＝12이다.

여기서 잠깐, 두 자연수를 가지고 덧셈, 곱셈을 했을 때 그 결과 값에 주목해 보자. 자연수에 자연수를 더하거나, 자연수에 자연수를 곱하면 그 결과 값도 자연수가 나온다. 다시 말해 어떤 자연수든지 두 자연수의 덧셈과 곱셈의 계산 결과는 자연수를 벗어날 수 없다. 이처럼 어떤 두 자연수를 더하거나 곱했을 때 그 결과 값이 항상 자연수가 되면 이때 우리는 '자연수는 덧셈(곱셈)에 대하여 닫혀 있다'라고 한다.

그럼 이번에는 어떤 두 자연수끼리 빼거나 나누어 보자. 다음 그림처럼 말이다.

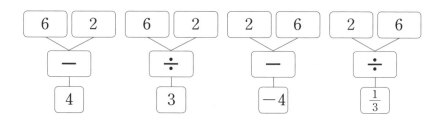

자연수끼리 빼거나 나누었을 때 그 결과 값은 항상 자연수인가? $2-6=-4$, $2÷6=\frac{1}{3}$처럼 그 결과 값이 자연수가 아닌 경우도 있다. 이처럼 어떤 두 자연수를 빼거나 나누었을 때 그 결과 값이 항상 자연수인 것이 아니라면 이때 우리는 '자연수는 뺄셈(나눗셈)에 대하여 닫혀 있지 않다'라고 한다.

지금까지 공부한 내용을 정리해 보자. 자연수는 덧셈과 곱셈에 대하여 닫혀 있고, 뺄셈과 나눗셈에 대해서는 닫혀 있지 않다.

> (자연수)＋(자연수)는 항상 자연수
>
> (자연수)×(자연수)는 항상 자연수
>
> (자연수)－(자연수)는 자연수가 아닌 경우도 있다.
>
> (자연수)÷(자연수)는 자연수가 아닌 경우도 있다.

참고로 자연수는 덧셈, 곱셈에 대하여 닫혀 있고, 정수는 덧셈, 뺄셈, 곱셈에 닫혀 있으며, 유리수와 실수는 사칙연산에 대하여 닫혀 있다('닫

혀 있다'라는 수학 용어는 고등학교 과정에서 처음 등장하므로 이해가 어렵다면 그
냥 지나쳐도 괜찮다).

 ## 3대 연산법칙을 아니?

교환법칙, 결합법칙, 분배법칙! 이 3가지 법칙을 사칙연산에서의 3대
계산 법칙이라 한다. 이 계산 법칙들은 사칙연산에서 적절하게 이용될
경우, 계산이 편리해진다는 장점을 가지고 있다. 하지만 이 계산 법칙을
무조건 사칙연산에 적용할 수 있는 것은 아니므로 조심해야 한다. 예를
들어 덧셈과 곱셈에서는 멀쩡하게 성립하던 교환법칙이 뺄셈과 나눗셈
에서는 절대로 성립하지 않는다. 지금부터 그 성질에 대해서 알아보자.

1. 교환법칙

두 수의 순서를 바꾸어 계산해도 같은 계산 결과가 나오는 것을 '교환
법칙'이라고 한다. 이 같은 교환법칙은 덧셈과 곱셈에서만 성립하고, 뺄
셈과 나눗셈에서는 성립하지 않는다. 예를 들어 보자.

$$6+(-4)=2$$
$$(-4)+6=2 \text{ (덧셈에 대한 교환법칙)}$$

$$6 \times (-4) = -24$$
$$(-4) \times 6 = -24 \text{ (곱셈에 대한 교환법칙)}$$

이처럼 덧셈, 곱셈 모두 두 수의 순서를 바꾸어 계산해도 그 결과 값은 변함이 없다. 그러므로 덧셈과 곱셈에서는 교환법칙이 성립한다.

$$3 - (-4) = 7, \ (-4) - 3 = -7$$
$$3 \div (-4) = -\frac{3}{4}, \ (-4) \div 3 = -\frac{4}{3}$$

한편 위 식처럼 뺄셈과 나눗셈에서는 두 수의 순서를 바꾸어 계산하면 그 결과 값이 변하게 된다. 그러므로 뺄셈과 나눗셈에서는 교환법칙이 성립하지 않는다. 그래서 덧셈과 곱셈을 할 때는 교환법칙을 즐겨 쓸 수 있지만, 뺄셈과 나눗셈을 할 때는 교환법칙을 사용해선 안 된다.

참고로 교환법칙을 일반화시키면 다음과 같다.

세 수 a, b, c에 대하여

$a + b = b + a$ (덧셈에 대한 교환법칙)

$a \times b = b \times a$ (곱셈에 대한 교환법칙)

2. 결합법칙

다음과 같이 더하는 수가 3개 이상일 때, 혹은 곱하는 수가 3개 이상일 때, 어느 두 수를 먼저 더하거나 곱하여도 그 결과는 같다. 이를 '결합법칙'이라고 한다.

$$\{(-4)+5\}+(-6)=(-4)+\{5+(-6)\} \text{ (덧셈에 대한 결합법칙)}$$

$$\{(-4)\times5\}\times(-6)=(-4)\times\{5\times(-6)\} \text{ (곱셈에 대한 결합법칙)}$$

위의 식들을 모두 등호를 기준으로 좌변과 우변의 식을 각각 계산하여 결과 값을 비교해 보자.

좌변 $\{(-4)+5\}+(-6)=-5$

우변 $(-4)+\{5+(-6)\}=-5$

이므로 결과 값이 서로 같다.

좌변 $\{(-4)\times5\}\times(-6)=120$

우변 $(-4)\times\{5\times(-6)\}=120$

이므로 결과 값이 서로 같다.

따라서 덧셈과 곱셈 각각에 대하여 결합법칙이 성립함을 알 수 있다. 그럼 다음 식을 보자.

$$\{(-4)-5\}-(-6)=(-9)+6=-3$$

$$(-4)-\{5-(-6)\}=-4-11=-15$$

$$\{(-4)\div5\}\div(-6)=\left(-\frac{4}{5}\right)\times\left(-\frac{1}{6}\right)=\frac{4}{30}=\frac{2}{15}$$

$$(-4)\div\{5\div(-6)\}=(-4)\div\left(-\frac{5}{6}\right)=(-4)\times\left(-\frac{6}{5}\right)=\frac{24}{5}$$

이처럼 뺄셈과 나눗셈에서는 어느 두 수를 먼저 빼고 나누느냐에 따라 결과 값이 달라지므로 결합법칙이 성립하지 않는다. 이처럼 결합법칙도 교환법칙처럼 덧셈과 곱셈에 대해서만 성립한다.

참고로 결합법칙을 일반화시키면 다음과 같다.

> 세 수 a, b, c에 대하여
>
> $(a+b)+c=a+(b+c)$ (덧셈에 대한 결합법칙)
>
> $(a\times b)\times c=a\times(b\times c)$ (곱셈에 대한 결합법칙)

3. 분배법칙

다음과 같이 어떤 수에 두 수의 합을 곱한 것은 어떤 수에 각각의 수를 곱하여 더한 것과 같게 되는 것을 '분배법칙'이라고 한다.

$$3\times\{(-5)+4\}=3\times(-5)+3\times4$$

등호를 기준으로 좌변과 우변의 식을 각각 계산하여 결과 값을 비교해 보자.

좌변 $3 \times \{(-5)+4\} = 3 \times (-1) = -3$
우변 $3 \times (-5) + 3 \times 4 = (-15) + 12 = -3$ 이므로 결과 값이 같다.

따라서 덧셈에 대한 곱셈의 분배법칙은 성립한다. 이와 같은 분배법칙은 수식에서뿐만 아니라 문자를 포함한 식에서도 요긴하게 사용되므로 꼭 기억해 두자.

참고로 분배법칙을 일반화시키면 다음과 같다.

세 수 a, b, c에 대하여
$$a \times (b+c) = a \times b + a \times c$$
$$(a+b) \times c = a \times c + b \times c$$

융합 **추리의 3인방 : 귀납과 유추, 연역**

수학 공부에 웬 추리냐고? 앞서 언급한 일반화를 제대로 이해하기 위해서는 귀납과 유추, 연역과 같은 추리를 알아둘 필요가 있기 때문이다.

여기서 귀납은 '귀납적 추리', 유추는 '유비적 추리', 연역은 '연역적 추리'의 준말이고, '추리'는 우리가 경험한 것을 통하여 경험하지 않은 것을 미루어 짐작해 보는 것을 뜻하므로 〈명탐정 코난〉과 같은 추리 만화를 떠올려도 무방하겠다.

먼저 '귀납적 추론'이라고도 하는 귀납적 추리에 대해서 알아보자.

> 소크라테스는 죽었다.
>
> 공자도 죽었다.
>
> 맹자도 죽었다.
>
> 소크라테스, 공자, 맹자는 사람이다.
>
> 그러므로 모든 사람은 죽는다.

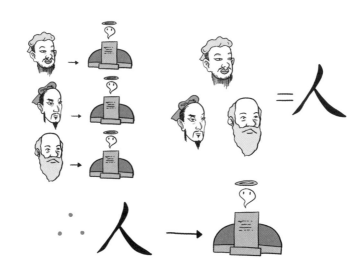

소크라테스도 죽고, 공자도 죽고, 맹자도 죽었다는 개별적인 사실로부터 모든 사람은 죽는다는 일반적이면서도 보편적인 결론을 유도해내는 추론 방식이 귀납적 추론이다. 이 같은 귀납적인 추론은 관찰과 경험에 근거를 두고 추리하는 방법이기 때문에 주로 자연과학에서 많이 사용된다.

두 번째로 유비적 추리인 유추는 한쪽의 개체가 어떤 성질 또는 관계를 가질 경우, 다른 개체도 그와 같은 성질 또는 관계를 가질 것이라고 추리하는 것을 말한다. 좀 어렵게 느껴진다면 다음의 예를 보자.

언젠가 영국의 한 과학자가 양을 복제했다는 언론 보도에 많은 사람들이 깜짝 놀란 적이 있었다. 양을 복제할 수 있다면 토끼나 소는 물론이고 사람도 복제할 수 있을 것이라는 추리가 급속도로 확산된 것이다. 이러한 추리를 바로 '유추'라고 한다. 뿐만 아니다. 새로운 약을 개발할 때 동물을 대상으로 어떤 약초를 먹여 보고 효과를 보이면 사람에게도 그럴 것이라고 여기는 추리 방식도 유추의 하나이다. 여기서 우리는 일상생활에서 흔히 쓰는 추론이 대부분 유추라는 것을 알 수 있다.

마지막으로 연역적 추론, 즉 연역적 추리는 하나의 일반적인 사실이나 원리를 전제로 하여 개별적인 사실 또는 특수한 다른 원리를 논리적으로 추론하는 것을 말한다. 다음과 같은 삼단논법은 연역적 추론의 대표적인 예이다.

> 사람은 죽는다.
>
> 꼼지샘은 사람이다.
>
> 그러므로 꼼지샘은 죽는다.

이때 중요한 것은 '사람은 죽는다'고 하는 대전제가 반드시 일반적인 사실, 즉 '참'이어야 한다는 것이다. '사람은 죽는다'와 '꼼지샘은 사람이다'와 같은 2개의 참인 사실을 근거로 하여 '꼼지샘은 죽는다'라는 새로운 결론을 내리는 것! 이것이 바로 연역적 추론이다.

수학적인 사실을 귀납, 연역으로 설명해 봐

우리 친구들이 잘 알고 있는 수학 지식 중 하나 "모든 다각형의 외각의 크기의 합은 360°이다"를 가지고 귀납과 연역을 정리해 보자.

우선 삼각형, 사각형, 오각형, … 십각형과 같은 다각형을 몽땅 관찰한 결과 그것들 각각의 외각의 크기의 합은 360°였다고 하자. 이것은 하나의 발견이다. 그런데 삼각형, 사각형, 오각형, … 십각형은 모두 다각형이다. 이것은 틀림없는 사실이다. 그러므로 모든 다각형의 외각의 크기 합은 360°이다. 이와 같은 추론이 바로 귀납적 추론이다.

또 이 같은 귀납적인 사실을 근거로 하여 '백각형의 외각의 크기의 합은 360°이다'라고 특수화하여 결론 내리는 것을 연역적 추론이라고 한다.

자! 지금까지 살펴본 내용을 정리해 보자.

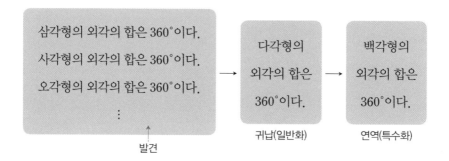

여기서 잠깐! 귀납은 일반화, 연역은 특수화로 서로 통한다는 것을 꼭 이해하고 넘어가자.

우리 친구들이 만약 귀납적인 추리에 의해 하나의 의미 있는 수학적인 발견을 했다면 그것은 반드시 연역적으로 증명될 필요가 있다. 그래야 얻어낸 결론이 사실임을 입증할 수 있으니까. 그만큼 연역적 추론은 결론이 진리임을 보증해 주는 강력한 논리적 추론 방법이다.

그럼 귀납적인 추론으로 얻은 '다각형의 외각의 크기 합은 360°이다'를 연역적으로 증명해 보자.

n각형의 한 꼭짓점에서 내각과 외각 크기의 합은 $180°$이다. (사실)

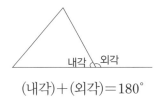

$$(내각)+(외각)=180°$$

n각형에는 그와 같은 꼭짓점이 모두 n개 있으므로 내각과 외각 크기의 합은 $180°×n$이다. (귀납적 추론)

그런데 n각형의 내각의 크기의 합은 $180°×(n-2)$이다. (이미 증명된 사실)

따라서 다음과 같은 관계식이 성립한다.

$$(n각형의 내각의 크기의 합)+(n각형의 외각의 크기의 합)=180°×n$$

$$(n각형의 외각의 크기의 합)=180×n-(n각형의 내각의 크기의 합)$$

$$(n각형의 외각의 크기의 합)=180×n-\{180°×(n-2)\}$$

$$(n각형의 외각의 크기의 합)=(180×n)-(180×n)+360$$

$$(n각형의 외각의 크기의 합)=360$$

따라서 n각형의 외각의 크기의 합은 $360°$이다. (결론)

 **일반화가 뭐야?**

일반화란 개별적인 사실로부터 일반적이면서도 보편적인 결론을 추론한 것이다. 때문에 귀납적인 추리 과정 속에서 일반화가 태어난다. 다음과 같이 말이다.

$2 \times 1 = 2$는 짝수다.

$2 \times 2 = 4$는 짝수다.

$2 \times 3 = 6$은 짝수다.

⋮

$2 \times 1, 2 \times 2, 2 \times 3, \cdots$에서 $1, 2, 3, \cdots$은 자연수다.

일반적으로 자연수 n에 대하여 $2 \times n$은 짝수이다. (귀납적 추론 및 일반화)

위에서 제시한 것처럼 특수한 $1, 2, 3, \cdots$의 예를 들어 일반적인 n을 이끌어내는 귀납적 추론을 '일반화'라고 한다. 때문에 일반화는 주로 문자가 사용되고, "일반적으로 ……이다"라는 형식을 취한다. 참고로 귀납적 추론은 개별적인 자료를 모아, 규칙을 확인하고, 일반화하는 3단계로 이루어지는 것으로 연역적 추론에 대비된다.

특수한 경우와 일반화의 예를 통해 일반화에 대한 개념을 익혀 보기로 하자.

- 특수한 경우 : 가로의 길이가 2cm, 세로의 길이가 5cm인 직사각형
  의 넓이는 $2 \times 5(\mathrm{cm}^2)$
- 일반화한 경우 : 가로의 길이가 $x$cm, 세로의 길이가 $y$cm인 직사
  각형의 넓이는 $x \times y(\mathrm{cm}^2)$

- 특수한 경우 : $2+3=3+2$
- 일반화한 경우 : $a+b=b+a$

- 특수한 경우 : $3 \times \{(-5)+4\}=3 \times (-5)+3 \times 4$
- 일반화한 경우 : $a \times (b+c)=a \times b+a \times c$

- 특수한 경우 : $(3 \times 5) \times 2=3 \times (5 \times 2)$
- 일반화한 경우 : $(a \times b) \times c=a \times (b \times c)$

이쯤 되면 앞서 공부한 교환법칙, 결합법칙, 분배법칙은 모두 귀납적 추론을 통해 일반화시킨 것임을 눈치 챘을 것이다.

이처럼 일반화는 문자와 기호를 주로 쓰기 때문에 공식 같은 이미지를 품고 있으며, 실제로 일반화를 통해 공식을 만들어내기도 한다. 일반화의 좋은 예로는 2학년 때 배운 '지수법칙'이나 3학년에서 배우게 될 '근의 공식'을 들 수 있다.

제곱과 제곱근도 조립과 분해의 개념을 품고 있어

레고 브릭Lego brick으로 다양한 모형을 만들고 분해했던 경험을 떠올려 보자. 라디오나 시계 또는 컴퓨터를 분해해 본 적이 있는 친구는 그 경험을 떠올려 보는 것도 좋겠다.

왜 이런 이야기를 하느냐면, 수에서도 레고 브릭과 같은 조립과 분해가 가능하기 때문이다. 수의 조립과 분해의 대표적인 예로는 구구단과 소인수분해를 들 수 있다.

다음 그림처럼 구구단은 조립, 소인수분해는 분해의 개념을 품고 있기 때문이다.

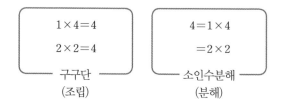

4를 소수들의 곱으로 분해하는 것! 그것이 소인수분해의 개념이니까.

이런 분해와 조립의 개념은 제곱과 제곱근에서도 찾아볼 수 있다. 예를 들어 제곱해서 4가 되는 수를 찾는 것! 그것이 제곱근의 개념이다. 그런데 어떤 수를 제곱해야 4가 되는지를 알려면 우선 4를 분해해 봐야 한다. 자, 제곱해서 4가 되는 수를 찾아보자.

$$2^2 = 4$$
$$(-2)^2 = 4$$

제곱
(조립)

$$4 = 2 \times 2$$
$$= (-2) \times (-2)$$

제곱근
(분해)

위에서처럼 제곱해서 4가 되는 수는 2와 -2가 있다. 이때 2와 -2를 4의 제곱근이라고 한다.

제곱과 제곱근

"2를 제곱하면?" 하고 물으면 대부분의 친구들이 "4!"라고 정확하게 답할 것이다. 또 -2를 제곱하면? 이때도 "4!"라고 정확히 답하리라. 하지만 "제곱해서 4가 되는 수는?" 하고 물으면 "2!"라고 단순하게 대답해 버리는 친구들이 더러 있다. 제곱해서 4가 되는 수는 2 말고도 -2가 더 있는데도 말이다. 제곱해서 4가 되는 수는 정확히 2와 -2이다. 이때 제곱하여 4가 되는 수, 즉 2와 -2를 4의 제곱근이라고 한다.

제곱근은 제곱의 거꾸로 개념이다.

 이와 같이 어떤 수를 제곱하여 a가 될 때, 즉 $x^2 = a$일 때, x를 a의 제곱근이라고 한다. 예를 들어 제곱하여 9가 되는 수 3과 -3은 9의 제곱근이고, 제곱하여 25가 되는 수 5와 -5는 25의 제곱근이다.

 이처럼 대부분의 제곱근은 양수, 음수 2개가 있고, 그 두 수의 절댓값은 같다. 특히 제곱근 중에 양수인 것은 '양의 제곱근', 음수인 것은 '음의 제곱근'이라고 부른다.

 하지만 간혹 제곱근이 하나뿐이거나 없는 경우도 있으니 주의해야 한다. 하나뿐인 경우는 0의 제곱근이 그렇고, 제곱근이 없는 경우는 음수일 경우 그렇다. 예를 들어 0의 제곱근은 0 하나뿐이고, 음수 -4의 제곱근은 없다. 제곱해서 음수가 되는 실수는 없으니까.

 지금까지의 내용을 간단히 정리하면 다음과 같다.

> • 양수의 제곱근에는 절댓값이 같은 양수와 음수 2개가 있다.
>
> • 음수의 제곱근은 없다.
>
> • 0의 제곱근은 0 하나뿐이다.

참고로 중학교 과정에서는 수라고 하면 실수를 뜻하므로 제곱하면 무조건 0이거나 양수이지만, 고등학교 과정에서는 제곱해서 음수가 되는 수, 허수가 있다.

교과 제곱수가 아닌 수의 제곱근을 나타내 봐

제곱해서 4가 되는 수는 2와 −2이다. 따라서 4의 제곱근은 ±2이다. 또 제곱해서 25가 되는 수는 5와 −5이다. 따라서 25의 제곱근은 ±5이다. 그렇다면 제곱해서 2가 되는 수, 즉 2의 제곱근은 무엇일까? 또 제곱하여 10이 되는 수, 즉 10의 제곱근은 무엇일까? 아무리 머리를 굴려 봐도 제곱해서 2가 된다거나 10이 되는 수를 찾기는 쉽지 않다. 이럴 때 기호 $\sqrt{}$ 를 사용해서 다음과 같이 약속해 두면 된다.

$$(\sqrt{2})^2 = 2,\ (-\sqrt{2})^2 = 2$$
$$(\sqrt{10})^2 = 10,\ (-\sqrt{10})^2 = 10$$

간단히 2의 양의 제곱근은 $\sqrt{2}$, 음의 제곱근은 $-\sqrt{2}$, 또 10의 양의 제곱근은 $\sqrt{10}$, 음의 제곱근은 $-\sqrt{10}$으로 나타낼 수 있다. 이때 제곱근을 나타내기 위한 기호 $\sqrt{}$를 '근호'라 하고, $\sqrt{2}$를 '제곱근 2' 또는 '루트 2'라고 읽는다.

또 하나 $\sqrt{2}$와 $-\sqrt{2}$를 한꺼번에 $\pm\sqrt{2}$라고 나타내자고 약속해 두면 이제부터는 거침없이 5의 제곱근은 $\pm\sqrt{5}$, 16의 제곱근은 $\pm\sqrt{16}$ 또는 ±4, ★의 제곱근은 $\pm\sqrt{\bigstar}$, 꼼지샘의 제곱근은 $\pm\sqrt{꼼지샘}$이라 답할 수 있게 된다. 즉 기호 $\sqrt{}$를 사용하면 모든 제곱근을 쉽게 나타낼 수 있다.

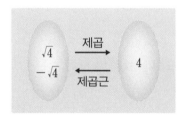

즉

참고로 근호란 '제곱근의 기호'를 줄인 말로, 근호 $\sqrt{}$는 16세기 독일의 수학자 루돌프 Ludolph van Ceulen가 처음에는 '뿌리 root'를 뜻하는 radix의 첫 글자 r을 변형하여 $\sqrt{}$로 사용하였다. 그러다가 나중에는 17세기 프랑스의 수학자 데카르트 René Descartes에 의해 $\sqrt{}$에 가로줄 '$-$'를 그어 오늘날 우리가 사용하고 있는 근호 $\sqrt{}$로 바뀌게 되었다.

융합 수학이 인간의 호기심을 해결한다

이제 막 수학 문제를 풀기 시작했을 때 친구에게서 전화가 왔다.

"40분 뒤에 축구 시합이 있어."

"어쩌지? 20문제를 다 풀고 나서 놀기로 엄마랑 약속했는데…….'

"그러면 그 시간 안에 풀고 나와."

이런 상황에서 대부분의 친구들은 '20문제를 40분 안에 다 풀려면 한 문제당 2분씩 풀면 되겠군.' 하며 대충 시간을 배분할 것이다. 이것이 바로 논리적인 추론이다. 물론 어떤 친구는 "헐! 뭐 그딴 것을 가지고 논리적인 추론까지 들먹여요? 풀면 풀고, 못 풀면 나중에 몸으로 때우면 되지."라고 말할 수도 있다.

하지만 영화 〈도둑들〉을 떠올려 보자. 2천만 달러의 달콤한 제안을 거부할 수 없었던 도둑들이 '태양의 눈물'이라 불리는 다이아몬드를 훔치기 위한 작업에 착수하면서 되면 되고 안 되면 말지 하는 식으로 도둑질을 계획할 수 있겠는가? 성공을 장담할 수 없는 위험천만한 계획에는 어떤 빈틈도 있어서는 안 될 것이다. 필요한 모든 정보를 수집하여 실패를 예방하는 것! 그러한 철저한 계획의 기반에 바로 논리적인 추론이 있다. 수학을 공부하는 내내 염두에 두기로 하자.

논리적인 추론은 확실하게 계산하기를 좋아했던 기원전 고대 그리스 사람들로부터 시작되었다 한다. 그들은 한 변의 길이가 3cm인 정사각형의 넓이가 $3 \times 3 = 3^2 = 9cm^2$라는 것을 계산할 줄 알았고, 또 넓이가 $4cm^2$인 정사각형이 있을 때 그것의 한 변의 길이는 2cm라는 것을 계산할 수 있었다.

하지만 그리스 사람들도 넓이가 $2cm^2$인 정사각형이 있을 때 그것의 한 변의 길이가 얼마인지는 답할 수가 없었다. 때문에 그 답을 찾기 위해 많은 사람들이 노력했다. 고대 수학자 히파수스Hippasus도 그 중에 하나이다. 그는 답을 찾기 위해 고심에 고심을 거듭했다.

"넓이가 $2cm^2$인 정사각형의 한 변의 길이는 제곱해서 2가 되는 양수와 같을 거야. 그렇다면 제곱해서 2가 되는 수, 즉 $x^2 = 2$에서 x는 뭘까? 우선 1을 제곱하면 1이고 2를 제곱하면 4이므로 $1^2 < x^2 < 2^2$이겠군. 그렇다면 $1 < x < 2$이야.

또 $1.4^2 = 1.96$, $1.5^2 = 2.25$이므로 $1.4^2 < x^2 < 1.5^2$, 즉 $1.4 < x < 1.5$인 것이 분명해. 이와 같은 방법으로 $1.41^2 = 1.9881$, $1.42^2 = 2.0164$이므로 $1.41^2 < x^2 < 1.42^2$, 즉 $1.41 < x < 1.42$이고, 또 $1.414^2 = 1.9994$, $1.415^2 = 2.00223$이므로……. 도대체 제곱해서 2가 되는 수는 뭐야? 골치 아픈 녀석이군."

결국 히파수스는 제곱해서 2가 되는 유리수는 이 세상에 없다는 것을 확신하고 그의 생각, 즉 유리수가 아닌 어떤 수가 있을 것이라는 자신의 생각을 공표해 유리수가 수의 전부라고 생각하던 당시 수학자들을 깜짝 놀라게 했다.

하지만 고대 수학자의 주류였던 피타고라스학파 사람들은 히파수스의 생각, 즉 유리수가 아닌 수(오늘날 무리수)가 존재한다는 것을 한편으로는 이해하면서도 인정하려 들지는 않았다. 그를 인정해 버리면 유리수 아닌 수는 존재하지 않는다고 생각했던 피타고라스학파의 학설이 크게 흔들려 버리기 때문이다. 결국 히파수스는 피타고라스학파에서 쫓겨나 물에 빠져 죽는 비극적인 죽음을 맞았다고 한다.

우리는 히파수스에 얽힌 이야기를 통해 무리수가 기원전에 이미 발견되었으리라는 추측을 해볼 수 있다. 뿐만이 아니라 고대 바빌로니아 사람들의 점토판에 새겨진 쐐기문자를 통해서도 지금으로부터 약 4천여 년 전에 $\sqrt{2}$에 가까운 값을 사용한 흔적을 찾아볼 수도 있다. 즉, 무리수는 수학의 역사에서 음수나 0보다 훨씬 빨리 세상에 등장했던 것이다.

 ## 교과 무리수를 알게 되면 실수가 보인다

"제곱해서 2가 되는 유리수는 없다."

이것은 기원전 고대 수학자 히파수스의 생각과 고민으로 밝혀진 내용이다. 이렇게 유리수 아닌 무리수가 태어나게 되었고, 나중에 무리수 기호 $\sqrt{}$ 가 생겨났다. 여기서 간과해서는 안 될 것이 17세기에 태어난 기호 $\sqrt{}$ 는 무리수가 태어나고도 무려 2천 년 이상 지난 후에나 만들어졌다는 사실이다. 이처럼 수학은 수많은 세월을 거치면서 다듬어지고 발전한다.

어쨌거나 제곱해서 2가 되는 수는 $\sqrt{2}$이고, $\sqrt{2}$는 무리수이며, $\sqrt{2}=$ 1.41421356…와 같이 순환하지 않는 무한소수이다. 이와 같이 순환하지 않는 무한소수, 즉 무리수로는 $\sqrt{2}$, $\sqrt{3}$, $\sqrt{5}$, … 등이 있다. 또 특별한 원주율 π($\pi=3.141592\cdots$)도 무리수라는 것 기억해 두자.

순환하는 무한소수, 즉 순환소수와 유한소수는 모두 유리수이므로 소수를 다음과 같이 분류할 수 있다.

소수
- 유한소수 ⎤
- 무한소수
  - 순환소수 ⎦ 유리수
  - 순환하지 않는 무한소수 ………… 무리수

이런 유리수와 무리수를 통틀어 '실수'라고 해두면 실수는 다음과 같이 분류할 수 있다.

실수
- 유리수
  - 정수
    - 양의 정수(자연수) : 1, 2, 3, …
    - 0
    - 음의 정수 : −1, −2, −3,
  - 정수가 아닌 유리수 : 0.5, $\frac{3}{5}$, $0.1\dot{2}$, …
- 무리수 : $\sqrt{2}$, $-\sqrt{3}$, $\sqrt{10}$, π, …

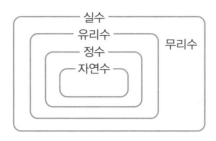

이처럼 유리수에 무리수를 포함시킨 것의 이름이 실수이다. 따라서 유리수에 이어 무리수를 알게 되면 실수가 보인다. 참고로 유리수가 무한히 많듯이 무리수 또한 무한히 많다는 것! 기억해 두자.

교과 $\sqrt{2}$! 넌 유리수니 무리수니?

정수와 정수 아닌 유리수(쉽게 말하면 분수)를 통틀어 '유리수'라고 한다. 따라서 유리수라고 하면 정수 또는 분모가 1이 아닌 기약분수로 나타낼 수 있어야 한다.

그렇다면 $\sqrt{2}$는 유리수일까? 앞서 얘기했듯이 $\sqrt{2}$가 유리수라고 하면 $\sqrt{2}$는 반드시 정수 또는 분모가 1이 아닌 기약분수로 나타낼 수 있어야 한다. 자, 지금부터 $\sqrt{2}$가 정수 또는 분모가 1이 아닌 기약분수로 나타낼 수 있는지 없는지를 따져서 확인해 보자.

첫째, $\sqrt{2}$를 정수로 나타낼 수 있는가?

$\sqrt{2}$는 $1<2<4$, 즉 $1^2<(\sqrt{2})^2<2^2$에서 알 수 있듯이 $1<\sqrt{2}<2$이다. 이때 1보다 크고 2보다 작은 정수는 없으므로 $\sqrt{2}$는 정수로 나타낼 수 없다.

둘째, $\sqrt{2}$는 분모가 1이 아닌 기약분수로 나타낼 수 있는가?

다음 예처럼 $\left(\dfrac{1}{2}\right)^2=\dfrac{1}{4}$, $\left(\dfrac{2}{3}\right)^2=\dfrac{4}{9}$, $\cdots$처럼 분모가 1이 아닌 기약분수를 제곱하면 반드시 분모가 1이 아닌 기약분수가 된다. 그렇다면 $\sqrt{2}$를 제곱했을 때 1이 아닌 기약분수가 될까? $\sqrt{2}$를 제곱하면 $(\sqrt{2})^2=2$이므로 정수이다. 즉 분모가 1이 아닌 기약분수가 아니다. 따라서 $\sqrt{2}$는 분모가 1이 아닌 기약분수로 나타낼 수도 없다.

위의 2가지 이유로 $\sqrt{2}$는 유리수가 아니다. 즉 $\sqrt{2}$는 무리수이다.

 ## 교과 직사각형의 넓이와 같은 정사각형의 한 변 길이

가정 실습 시간에 인형을 만들기로 했다. 선생님은 다음과 같이 일정한 크기로 천을 잘라 아이들에게 나누어 주려 하셨다.

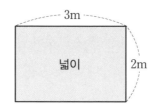

그런데 몇몇 친구들이 다른 모양의 천을 요구했다.

"선생님! 전 정사각형 모양으로 잘라 주세요."

"선생님! 전 원 모양이 필요해요."

아이들 주문대로 천을 잘라 주고 싶었던 선생님의 고민이 시작됐다.

천의 넓이 $3 \times 2 = 6\text{m}^2$는 변함이 없으되 아이들이 주문한 모양대로 잘라

주려면 어떻게 해야 하지? 넓이가 6m²인 정사각형일 경우 그것의 한 변
의 길이는? 또 원 모양으로 자를 경우 그것의 반지름의 길이는? 자, 우리
들이 직접 선생님의 고민을 해결해 보자. 수학적인 해결 방법은 이렇다.

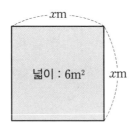

위 그림처럼 정사각형 모양으로 천을 자를 경우 알지 못하는 정사각형
의 한 변의 길이를 xm라 하면 그것의 넓이는 6이므로 $x^2=6$이다. 따라
서 정사각형 한 변의 길이는 $x=\sqrt{6}$m이면 된다.

또 원 모양으로 천을 자를 경우 원의 반지름의 길이를 xm라 하면
$\pi x^2=6$이다. 따라서 원의 반지름의 길이는 $x=\sqrt{\dfrac{6}{\pi}}$m이면 된다.

그런데 문제는 그것들의 길이가 어느 정도인지 가늠할 수 없다는 것

이다. 한 변의 길이가 2m나 3m면 몰라도 $\sqrt{6}$m, $\sqrt{\dfrac{6}{\pi}}$m를 자로 잴 수는 없으니 말이다.

　이처럼 수학적으로는 깔끔하게 해결되는 문제도 실제 생활에서는 쉽게 활용되지 못한 경우가 더러 있다. 그래서 몇몇 친구들은, "생활에 써먹을 수 없는 수학을 도대체 왜 배우는 거야?" 하고 불만을 가질 수도 있을 것이다. 그러나 수학은 실생활에서 백퍼센트 활용될 수 없기 때문에 오히려 그 위상이 높아질 수 있다. 머리로 하는 수학의 범위는 실생활에의 활용이 가능한 현실을 넘어서서 무궁무진하게 확장될 수 있고, 바로 이러한 점이 수학의 위상을 드높여주고 있기 때문이다.

주어진 정사각형 넓이의 딱 2배를 그리라고?

　그림처럼 한 변의 길이가 2인 정사각형의 넓이를 물으면 거침없이 4라고 답하던 아이들도 "이 정사각형 넓이의 딱 2배가 되는 정사각형을 그릴 수 있겠니?" 하고 물으면 버벅거리기 쉽다. 기원전에도 이 같은 질문이 있었다.

전염병이 돌기 시작한 어느 마을에서 병으로 죽어 가는 사람들이 늘자 마을 족장은 신전으로 달려가 간절한 기도를 드렸다.

"제발 전염병을 멈추어 주소서."

그러자 신은 다음과 같은 요구사항을 내렸다.

"정사각형 모양의 제단 넓이를 2배로 늘려라. 그러면 전염병은 사라질 것이다."

과연 족장은 전염병을 사라지게 할 수 있었을까? 우리 친구들이 족장이 되어 고민해 보자. 본래 신전에 있던 제단의 한 변의 길이가 2라고 가정하면 제단의 넓이는 4이고, 그것의 2배인 제단의 넓이는 8이다. 따라서 넓이가 8인 정사각형의 제단을 만들면 된다. 그렇다면 넓이가 8인 정사각형은 한 변의 길이를 얼마로 하면 될까?

우선 다음 그림처럼 한 변의 길이가 주어진 길이의 2배로 4인 정사각형을 그려 보자.

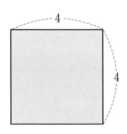

이때 정사각형의 넓이는 얼마인가? 그렇다. 16이다. 그런데 다음 그

림처럼 정사각형의 중점을 이은 선분으로 이루어진 가운데 작은 정사각형 넓이는 얼마일까?

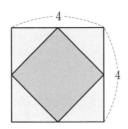

큰 정사각형의 절반이므로 정확히 8이다. 이때 가운데 작은 정사각형 모양 제단의 한 변의 길이를 x라 해두면 $x^2=8$이므로 $x=\sqrt{8}=2\sqrt{2}$임을 알 수 있다. 따라서 다음 그림처럼 한 변의 길이가 $2\sqrt{2}$인 정사각형을 그리면 그것의 넓이는 원래 제단 넓이의 2배가 되는 것이다.

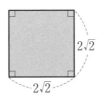

친구들 덕분에 족장은 전염병으로부터 마을 사람들을 지켜낼 수 있었다. 이처럼 머리를 쓰면 귀한 생명도 지킬 수 있다는 사실! 간과하지 말자.

실수와 수직선은 일대일대응이다

2와 6 중에서 큰 수는 6이다.

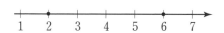

이처럼 자연수는 수직선 위에 점으로 나타낼 수 있으므로 크고 작은 것이 분명하다. −5와 3 중에서 큰 수는 3이고, −4와 0 중에서 큰 수는 0이다. 정수 역시 수직선 위에 점으로 나타낼 수 있으므로 크고 작은 것이 분명하다.

또 -3.5와 $\dfrac{7}{2}$ 중에서 큰 수는 $\dfrac{7}{2}$이고, −1과 $\dfrac{1}{2}$ 중에서 큰 수는 $\dfrac{1}{2}$이다.

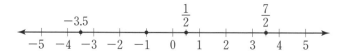

이처럼 모든 유리수도 수직선 위에 점으로 나타낼 수 있으므로 얼마든지 그 크기를 구분할 수 있다.

그렇다면 무리수도 크기를 비교할 수 있을까? 두 무리수 $\sqrt{5}$와 $3+\sqrt{2}$ 중 어떤 수가 더 큰 수인지 알 수 있을까?

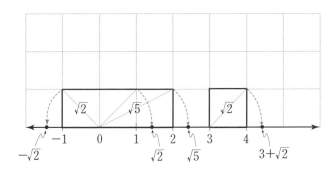

위의 그림처럼 두 무리수를 수직선 위에 나타낼 수 있으므로 $\sqrt{5}<$ $3+\sqrt{2}$임을 알 수 있다. 이처럼 모든 무리수는 수직선 위에 점으로 나타낼 수 있다. 따라서 모든 무리수 역시 유리수처럼 대소를 구분할 수 있다.

그렇다면 유리수와 무리수를 몽땅 품고 있는 실수도 크기를 비교할 수 있을까? 앞에서 낱낱이 살펴봤듯이 수직선 위에는 유리수에 대응하는 점들뿐만 아니라 무리수에 대응하는 점들도 존재한다. 따라서 모든 실수는 수직선 위에 나타낼 수 있고 크기를 비교할 수 있다.

일반적으로 수직선은 유리수와 무리수에 대응하는 점들로 완전히 메울 수 있음이 알려져 있다. 즉 수직선 위의 각 점에 실수를 하나씩 짝지을 수 있다는 것이다. 이것을 다른 말로 실수와 수직선은 '일대일대응' 또는 '실수의 연속성'이라 표현하기도 한다. 이로써 우리는 지금까지 알고 있는 모든 수를 수직선 위에 나타낼 수 있다는 것, 그리고 그 크기 또한 비교할 수 있다는 것을 알 수 있다.

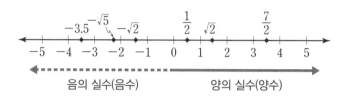

참고로 고등학교에서 배우게 되는 허수는 크기를 비교하는 일이 불가능하다. 그래서 우리는 크기의 비교가 가능한지의 여부를 통해 실수와 허수를 우선적으로 구분해 볼 수 있다. 크고 작은 것을 비교할 수 있으면 실수, 비교할 수 없으면 허수인 식으로 말이다.

또 제곱해서 0보다 크냐 작으냐를 통해서도 실수와 허수를 구분할 수 있다. 제곱해서 0보다 크거나 같으면 실수이고, 제곱해서 0보다 작으면 허수라고 할 수 있기 때문이다.

실수와 허수를 구분하는 이 2가지 방법을 꼭 기억해 두기로 하자.

 옳다 vs 틀리다

1. 근호가 있는 수는 모두 무리수이다.
2. 무한소수는 모두 무리수이다.
3. 무리수를 소수로 나타내면 순환하지 않는 무한소수이다.

4. $-\sqrt{5}$는 5의 제곱근이다.

5. $\sqrt{16}$은 ± 4이다.

6. $\sqrt{(-5)^2}=5$이다.

7. 제곱근 3은 $\pm\sqrt{3}$이다.

8. $-3\sqrt{2}=\sqrt{(-3)^2\times 2}=\sqrt{18}$

9. 0의 제곱근은 없다.

10. 10의 제곱근과 제곱근 10은 서로 같다.

위 명제들이 참일까, 거짓일까? 위와 같은 명제들의 옳고 그름을 정확하게 판단하기 위해서는 몇몇 수학 개념들을 정확히 알고 있어야 한다. 차근차근 살펴보도록 하자.

1. 근호가 있는 수라고 해서 무조건 무리수라 생각하면 안 된다. 치마를 입었다고 해서 무조건 여자가 아니듯이 $\sqrt{1}$, $\sqrt{4}$, $\sqrt{\dfrac{25}{9}}$와 같은 수는 근호가 있는 수이지만 근호를 벗기면 1, 2, $\dfrac{5}{3}$이므로 유리수이다. 따라서 틀리다.

2. 무한소수 중에 $0.\dot{2}$, $1.\dot{9}$와 같은 순환소수는 분수 꼴로 나타낼 수 있으므로 유리수이다. 따라서 틀리다.

3. 옳다.

4. 옳다. $-\sqrt{5}$는 5의 제곱근이 맞다. 좀 더 정확히 말하면 $-\sqrt{5}$는 5의 음의 제곱근이다. 하지만 반대로 '5의 제곱근은 $-\sqrt{5}$이다'라고 하

면 틀리다. 5의 제곱근은 $\pm\sqrt{5}$이니까. 마치 '고양이는 동물이다'는 참이고 '동물은 고양이다'는 거짓인 것처럼. 'A이면 B이다'가 참이 되려면 B가 A를 반드시 품고 있어야 한다.

5. $\sqrt{16}$은 $\sqrt{16}=\sqrt{4^2}=4$이다. 따라서 틀리다.

6. 옳다.

7. 3의 제곱근이 $\pm\sqrt{3}$이고, 제곱근 3은 $\sqrt{3}$이다. 따라서 틀리다.

8. $-3\sqrt{2}=-\sqrt{3^2\times2}=-\sqrt{18}$이므로 틀리다. 즉 $-3\sqrt{2}$와 $-\sqrt{18}$은 둘 다 18의 음의 제곱근으로 서로 같다.

9. 0의 제곱근은 0이다. 따라서 틀리다.

10. 10의 제곱근은 $\pm\sqrt{10}$이고 제곱근 10은 $\sqrt{10}$이므로 서로 다르다. 따라서 틀리다.

 무리수의 필요성을 석굴암에서 찾을 수 있다고?

석굴암은 신라 천년의 도시 경주에 있다. 그리고 경주는 도시 전체가 유네스코에 등재되어 있는 세계가 인정하는 고대 도시 중의 하나이다. 물론 석굴암 또한 경주와는 별개로 세계문화유산으로 등재되어 있다. 그럼 이제 본격적으로 석굴암이 세계문화유산이 될 수 있었던 이유를 수학적인 관점에서 찾아보자.

석굴암의 건설 기간은 총 40년에 육박했다고 한다. 전문가들은 이렇게 긴 시간이 소요된 주된 이유로 돌로 된 반구형 돔 형태의 천장을 들고 있다. 다음 사진과 같이 원기둥 위에 반구를 올려놓는 식으로 무거운 돌을 천장에 고정시켰으니 건축하기가 어디 쉬웠겠는가?

그렇다고 석굴암이 이와 같은 고도의 건축 기술만으로 세계적 문화유산이 될 수 있었던 것은 아니다. 건축 기술뿐만 아니라 석굴암의 반구형 천장에는 아름다움에 대한 수학적인 비밀도 함께 숨겨져 있다.

석굴암은 돔을 이룬 반구 반지름의 길이와 불상의 높이의 비가 $1 : \sqrt{2}$를 이룬다고 한다. 즉 불상의 높이가 반구 반지름 길이의 $\sqrt{2}$배인 셈이다. 이와 같은 비, $1 : \sqrt{2}$를 '금강비' 또는 '동양의 황금비'라고 한다. 동양의 황금비, 금강비를 이용하여 지은 건축물들은 모두 조화롭고 안정적으로 보인다고 하니 시간 내서 직접 감상해 보도록 하자.

우리나라의 또 다른 문화유산인 경복궁의 근정전이나 부석사의 무량
수전 또한 금강비 1 : √2를 품고 있다.

여기서 우리 친구들이 기억해야 할 것은 석굴암의 자연스러운 아름다
움은 금강 비율 1 : √2 덕분이라는 것, 그리고 금강 비율은 √2와 같은 무
리수와 관련 맺고 있다는 것, 그러므로 우리에게는 반드시 무리수가 필
요하다는 것! 잊지 말도록 하자.

 근호를 포함한 식으로 표현해 봐

정강이뼈 길이가 $x$cm인 사람의 키는 $2.4x+82$이다.

지상에서의 온도가 a°C이고 산의 높이가 xm일 때 산에서의 체감온
도는 $a-0.006x$이다.

또 은행의 이자율이 r%, 원금이 a원일 때, 복리일 경우 x년 후 총 금

액은 $a\left(1+\dfrac{r}{100}\right)^x$(원)이다.

　이처럼 우리는 삶의 다양한 부분들을 각각의 상관관계를 통해 다양한 식으로 표현할 수 있다. 다음은 이와 같은 다양한 식 중에서 특별히 근호를 포함하고 있는 식 몇 가지를 소개한 것이다.

　스릴 만점의 롤러코스터는 무동력의 놀이기구이다. 동력이 없기 때문에 처음에는 기구에 에너지를 만들어 주는 전기모터가 필요하다. 하지만 롤러코스터가 전기모터의 도움으로 높은 곳에 올라간 다음에는 동력 없이 궤도를 따라 떨어뜨려 주기만 하면 된다. 과학적으로 멋들어지게 설명해 보자면 롤러코스터는 위치에너지가 운동에너지로 상호 전환되면서 저절로 움직이는 놀이기구이다.

　어쨌거나 롤러코스터의 속도는 기구의 높이에 따라 달라진다. 지면으로부터 높이가 hm인 곳에서 떨어지는 롤러코스터의 최대 속력은 $\sqrt{19.6h}$m라고 한다. 기구가 높이 있을수록 롤러코스터의 속력이 빨라진다는 것이다.

　'쓰나미Tsunami'라고 하는 지진해일의 속력도 근호를 사용한 식으로 나타낼 수 있다. 인명과 재산에 큰 피해를 주는 쓰나미! 얼마나 빨리, 또 언제쯤 해안가에 도착할 것인가를 되도록이면 정확히 예측해야 하기 때문에 지진해일의 속력이 가장 중요한 변수로 작용한다.

　그렇다면 쓰나미의 속력은 무엇과 상관이 있을까? 수심이다. 지진해

일의 속력은 물의 깊이(수심) h에 의해 달라지는 $\sqrt{9.8h}$m(단, 9.8은 중력가속도)의 식을 통해 구할 수 있다. 그리고 식에서도 알 수 있듯 수심이 깊을수록 지진해일의 속력은 빨라진다.

이처럼 수학 속에서만 존재할 것 같은 제곱근의 계산이 롤러코스터, 지진해일의 속력 등을 구하는 데도 유용하게 쓰이고 있다는 것을 제곱근을 공부하는 내내 염두에 두도록 하자.

 교과 ## 제곱근의 사칙계산! 곱하고 나눠 봐

$\sqrt{2} \times \sqrt{3}$과 $\sqrt{6}$은 서로 같을까? 이 둘의 관계를 꼼꼼하게 따져 보자. 우선 $\sqrt{2} \times \sqrt{3}$을 제곱해 보자.

$$(\sqrt{2} \times \sqrt{3})^2 = (\sqrt{2})^2 \times (\sqrt{3})^2 = 2 \times 3 = 6$$

이번에는 $\sqrt{6}$을 제곱해 보자. 역시 $(\sqrt{6})^2 = 6$이다. 그렇다면 둘 다 제곱하면 6이 되는 수? 그렇다. 제곱해서 6이 되는 수는 6의 제곱근이다. 그런데 둘 다 양수이므로 이들은 모두 6의 양의 제곱근이다. 정리하면 $\sqrt{2} \times \sqrt{3}$과 $\sqrt{6}$은 6의 양의 제곱근으로 $\sqrt{2} \times \sqrt{3} = \sqrt{6}$이다.

일반적으로 $a > 0$, $b > 0$일 때, $\sqrt{a} \times \sqrt{b} = \sqrt{ab}$, $\sqrt{a^2b} \times \sqrt{a^2}\sqrt{b} = a\sqrt{b}$가 성립한다. 예를 들면 다음과 같다.

$$\sqrt{3} \times \sqrt{5} = \sqrt{3 \times 5} = \sqrt{15}$$

$$\sqrt{2} \times \sqrt{\frac{5}{2}} = \sqrt{2 \times \frac{5}{2}} = \sqrt{5}$$

$$\sqrt{12} = \sqrt{2^2 \times 3} = \sqrt{2^2} \times \sqrt{3} = 2\sqrt{3}$$

참고로 $\sqrt{a} \times \sqrt{b}$에서 곱셈 기호를 생략하여 $\sqrt{a}\sqrt{b}$와 같이 나타낼 수 있다.

한편, $\dfrac{\sqrt{2}}{\sqrt{3}}$와 $\sqrt{\dfrac{2}{3}}$도 서로 같을까? 위에서와 같은 방법으로 생각하면 $\left(\dfrac{\sqrt{2}}{\sqrt{3}}\right)^2 = \dfrac{(\sqrt{2})^2}{(\sqrt{3})^2} = \dfrac{2}{3}$이고, $\left(\sqrt{\dfrac{2}{3}}\right)^2 = \dfrac{2}{3}$이다. 따라서 둘 다 $\dfrac{2}{3}$의 양의 제곱근이므로 $\dfrac{\sqrt{2}}{\sqrt{3}} = \sqrt{\dfrac{2}{3}}$이다.

일반적으로 $a > 0$, $b > 0$일 때 $\dfrac{\sqrt{a}}{\sqrt{b}} = \sqrt{\dfrac{a}{b}}$가 성립한다.

$$\frac{\sqrt{12}}{\sqrt{6}} = \sqrt{\frac{12}{6}} = \sqrt{2}$$

$$\sqrt{\frac{5}{16}} = \frac{\sqrt{5}}{\sqrt{16}} = \frac{\sqrt{5}}{4}$$

이렇게 우리는 근호가 있는 식을 간단하게 하기 위해 근호 밖의 수를 근호 안으로 넣을 수도 있고, 근호 안의 수를 근호 밖으로 꺼낼 수도 있다. 이와 같은 계산을 자유자재로 해낼 수 있을 때 실수 계산도 쉬워진다는 것을 잊지 말도록 하자.

자! 문자를 포함한 식을 더하고 빼 보자.

$$2a+3a=(2+3)a=5a$$
$$-5b+3b=(-5+3)b=-2b$$
$$2a-5b+3a+3b=2a+3a-5b+3b$$
$$=(2+3)a+(-5+3)b=5a-2b$$

이렇게 유리수를 품고 있는 문자식에서 동류항끼리 모아서 계산하는 일은 그리 어렵지 않다.

그렇다면 $\sqrt{2}$, $\sqrt{3}$, …과 같이 제곱근을 포함한 수를 더하고 빼는 것은 어떨까? 이 또한 그리 어렵지 않다. $\sqrt{2}$, $\sqrt{3}$, …과 같은 수를 마치 문자처럼 생각하면 앞에서와 같은 방법으로 계산할 수 있기 때문이다. 다시 말해 동류항끼리 모아서 계산한 것처럼 근호 안의 수가 같은 것끼리 모아서 계산하면 된다.

이를테면 $2a+3a=(2+3)a=5a$이듯이 $2\sqrt{2}+3\sqrt{2}=(2+3)\sqrt{2}=5\sqrt{2}$이고, $-5b+3b=(-5+3)b=-2b$이듯이 $-5\sqrt{3}+3\sqrt{3}=(-5+3)\sqrt{3}$ $=-2\sqrt{3}$이다. $\sqrt{2}$, $\sqrt{3}$, …은 분명 수인데도 마치 문자처럼 취급한다는 것! 꼭 이해해 두자.

일반적으로 $a>0$일 때 $m\sqrt{a}+n\sqrt{a}=(m+n)\sqrt{a}$이다.

다시 강조하지만 $ma+na$를 계산할 때, 공통인 a를 묶어 $ma+na=$ $(m+n)a$로 계산하는 것처럼 $m\sqrt{a}+n\sqrt{a}$를 계산할 때도 공통인 $\sqrt{a}$를 묶어 $(m+n)\sqrt{a}$로 계산한다.

중학교 3학년인 우리 친구들은 무리수를 대상으로 하는 사칙연산에도 익숙해져야 할 필요가 있다. 중학교 3학년 과정에서는 사칙연산의 대상에 무리수까지 포함되기 때문이다. 사정이 이러하니 자연수, 정수, 유리수, 무리수와 같이 실수 중의 무엇이 나와도 사칙연산을 거뜬히 해낼 수 있을 만큼의 실력을 쌓아 두도록 하자.

 교과 분모를 유리화하면 여러모로 편리하다

$\sqrt{2}=1.4142$일 때 $\dfrac{1}{\sqrt{2}}$의 값은? 이에 대부분의 친구들이 머리를 긁적였다. 하지만 $\dfrac{\sqrt{2}}{2}$의 값은? 그러자 이번에는 여러 명의 학생이 손을 들었다. 그 이유는 무엇일까? $\dfrac{1}{\sqrt{2}}=\dfrac{1}{1.4142}=?$, $\dfrac{\sqrt{2}}{2}=\dfrac{1.4142}{2}=0.7071$처럼 하나는 계산이 복잡하고, 하나는 계산이 간단하기 때문이다. 그런데 놀랍게도 2가지 질문의 값은 서로 같다. 즉 $\dfrac{1}{\sqrt{2}}=\dfrac{\sqrt{2}}{2}$이다.

그렇다면 이 둘의 차이는 무엇일까?

분모에 근호가 있느냐 없느냐에 있다. 이런 이유로 $\dfrac{b}{\sqrt{a}}$처럼 분수의 분모가 근호를 포함하고 있는 무리수일 때 $\dfrac{b}{\sqrt{a}} = \dfrac{b \times \sqrt{a}}{\sqrt{a} \times \sqrt{a}} = \dfrac{b\sqrt{a}}{a}\,(a>0)$처럼 분모를 유리수로 바꾼다. 이를 '분모의 유리화'라고 한다. 이처럼 분모와 분자에 각각 0이 아닌 같은 수를 곱하여 분모를 유리화하면 여러모로 편리하다는 것을 기억해 두자. 예를 들어 $\dfrac{\sqrt{2}}{\sqrt{5}}$에서 분모를 유리화하면 $\dfrac{\sqrt{2}}{\sqrt{5}} = \dfrac{\sqrt{2} \times \sqrt{5}}{\sqrt{5} \times \sqrt{5}} = \dfrac{\sqrt{10}}{5}$이다.

한편, $\dfrac{\sqrt{6}}{\sqrt{50}}$의 분모를 유리화할 때는 다음과 같이 분모와 분자에 $\sqrt{50}$을 곱해서 유리화할 수도 있고, 분모 $\sqrt{50} = 5\sqrt{2}$로 고친 다음 유리화할 수도 있다.

$$\frac{\sqrt{6}}{\sqrt{50}} = \frac{\sqrt{6} \times \sqrt{50}}{\sqrt{50} \times \sqrt{50}} = \frac{\sqrt{300}}{50} = \frac{\sqrt{100 \times 3}}{50} = \frac{10\sqrt{3}}{50} = \frac{\sqrt{3}}{5}$$

$$\frac{\sqrt{6}}{\sqrt{50}} = \frac{\sqrt{6}}{5\sqrt{2}} = \frac{\sqrt{6} \times \sqrt{2}}{5\sqrt{2} \times \sqrt{2}} = \frac{\sqrt{12}}{10} = \frac{2\sqrt{3}}{10} = \frac{\sqrt{3}}{5}$$

첫 번째 방법보다는 두 번째 방법이 편리하지만 앞서 살펴보았듯 두 방법 모두 결과는 같다! 물론 편리한 방법을 사용하는 것이 수학 문제 풀이의 왕도라는 점은 잊지 말도록 하자.

참고로 분모가 다항식인 $\dfrac{1}{\sqrt{2}-1}$의 분모를 유리화할 때는 곱셈 공식 $(a+b)(a-b) = a^2 - b^2$을 이용하면 편리하다. $\dfrac{1}{\sqrt{2}-1}$의 분모, 분자에 각

각 $\sqrt{2}+1$을 곱한다.

$$\frac{1}{\sqrt{2}-1}=\frac{\sqrt{2}+1}{(\sqrt{2}-1)(\sqrt{2}+1)}$$

$$=\frac{\sqrt{2}+1}{(\sqrt{2})^2-1}$$

$$=\frac{\sqrt{2}+1}{2-1}$$

$$=\sqrt{2}+1$$

따라서 $\dfrac{1}{\sqrt{2}-1}=\sqrt{2}+1$이다.

 교과 **분자를 유리화하지 않는 이유?**

$\dfrac{\sqrt{2}}{\sqrt{5}}$ 를 보자. 분모, 분자 모두 근호를 포함하고 있는 무리수이다. 이럴 때 분자도 유리화할 수 있을까? 다른 말로 분자에 있는 무리수를 유리수 로 고칠 수 있느냐는 것이다. 답은 '분자도 얼마든지 유리화할 수 있다'이 다. 자, 분모를 유리화할 때처럼 분모, 분자에 각각 0이 아닌 같은 수 $\sqrt{2}$ 를 곱하여 분자를 유리화해 보자.

$$\frac{\sqrt{2}}{\sqrt{5}}=\frac{\sqrt{2}\times\sqrt{2}}{\sqrt{5}\times\sqrt{2}}=\frac{2}{\sqrt{10}}$$

여기서 우리는 분자가 근호를 벗은 유리수임을 알 수 있다. 이를 '분자의 유리화'라고 한다.

하지만 수학에서는 굳이 분자를 유리화하지 않는다. 왜냐하면 $\frac{\sqrt{2}}{\sqrt{5}}$의 분자를 유리화하여 $\frac{2}{\sqrt{10}}$로 바꾼다고 해서 특별히 더 나아지는 구석이 없기 때문이다. 즉 분자의 유리화는 분모의 유리화와 달리 계산을 편리하게 해주지 않는다. 그래서 분자가 비록 근호를 포함하고 있는 무리수라 할지라도 굳이 유리화하지 않는 것이다.

지금까지 배운 내용을 정리해 보자.

분모가 근호를 포함한 무리수일 경우 분모를 유리화해 두면 분수 계산이 훨씬 수월해지지만, 분자는 어떤 수든지 크게 상관할 필요가 없다. 즉 분수 계산의 수월성 여부는 분모에 있다는 것! 꼭 염두에 두자.

인수분해와
이차방정식

인수분해와 소인수분해는
무엇이 다르지?

$$1 : \frac{1 + \sqrt{5}}{2}$$

$$x = \frac{-b \pm \sqrt{b^2 - 4ac}}{a}$$

둘째
마당

인수분해와 이차방정식

교과 수처럼 다항식도 분해할 수 있을까?

자연수 10을 소인수분해하면 2×5이다. 즉 $10 = 2 \times 5$이다. 이처럼 모든 자연수는 소수들의 곱의 꼴로 나타낼 수 있다. 이때 2와 5, 각각을 10의 '약수' 또는 '소인수'라고 한다.

그렇다면 다항식도 수처럼 곱의 꼴로 나타낼 수 있을까?

우선 $(x+1)(x+3)$을 전개해 보자.

$$(x+1)(x+3) = x^2 + 4x + 3$$

이제 좌변과 우변을 서로 바꿔 보자.

$$x^2 + 4x + 3 = (x+1)(x+3)$$

이처럼 다항식 x^2+4x+3은 두 다항식 $(x+1)$와 $(x+3)$의 곱으로 나타낼 수 있다. 이와 같이 하나의 다항식을 2개 이상의 다항식의 곱으로 나타낼 때 각각의 식을 처음 다항식의 '인수'라고 한다. 또 하나의 다항식을 2개 이상의 인수의 곱으로 나타내는 것을 그 다항식을 인수분해한다고 한다.

$$x^2+4x+3 \quad \underset{\text{전개}}{\overset{\text{인수분해}}{\rightleftarrows}} \quad \underset{\text{인수}}{(x+1)}\underset{\text{인수}}{(x+3)}$$

기억해 두자. 수처럼 다항식도 곱의 꼴로 분해할 수 있다는 것을! 또 그것의 이름이 '인수분해'라는 것을!

인수분해의 기본은 공통인수 찾기야

인수분해할 때 가장 먼저 염두에 둬야 할 것은 무엇일까? 공통으로 들어 있는 인수, 즉 '공통인수'일 것이다. 공통인수가 남지 않도록 모두 묶어내야만 제대로 인수분해를 할 수 있기 때문이다.

자! 지금부터 공통인수를 찾아 인수분해해 보자.

다항식 $ma+mb$에서 m은 두 항 ma, mb에 공통으로 들어 있는 인수, 즉 공통인수이다. 공통인수 m을 괄호 밖으로 묶어내면 $ma+mb=$

$m(a+b)$와 같이 인수분해할 수 있다.

$$ma+mb \xrightleftharpoons[\text{전개}]{\text{인수분해}} m(a+b)$$

식 $ax+bx$, $2x+4x^2$을 각각 인수분해해 보자. $ax+bx$의 경우 두 항 ax, bx에 공통으로 들어 있는 인수는 x이므로 $ax+bx=x(a+b)$이다. 또 $2x+4x^2$의 경우 두 항의 공통인수는 $2x$이므로 $2x+4x^2=2x(1+2x)$이다. 이때 $2x+4x^2=x(2+4x)$ 또는 $2x+4x^2=2(x+2x^2)$처럼 공통인수를 남겨서는 안 된다는 것! 반드시 공통으로 들어 있는 인수를 모두 찾아 $2x+4x^2=2x(1+2x)$처럼 괄호 밖으로 묶어내야 한다는 것을 인수분해하는 내내 염두에 두도록 하자.

 **인수분해에도 공식이 있다고?**

곱셈 공식을 떠올려 보자.

$$(a+b)^2=a^2+2ab+b^2, \ (a-b)^2=a^2-2ab+b^2$$
$$(a+b)(a-b)=a^2-b^2$$
$$(x+a)(x+b)=x^2+(a+b)x+ab$$

$$(ax+b)(cx+d)=acx^2+(ad+bc)x+bd$$

곱셈 공식을 거꾸로 뒤집어 놓은 것! 그것이 바로 인수분해 공식이다.

$$a^2+2ab+b^2=(a+b)^2,\ a^2-2ab+b^2=(a-b)^2$$
$$a^2-b^2=(a+b)(a-b)$$
$$x^2+(a+b)x+ab=(x+a)(x+b)$$
$$acx^2+(ad+bc)x+bd=(ax+b)(cx+d)$$

이와 같은 공식은 외워 두는 것이 편리하므로 귀찮더라도 꼭 암기하도록 하자. 당연히 인수분해 공식을 몰라 생겨날 귀찮음보다 외우는 게 더 싫은 친구도 있을 것이다. 그 친구들을 위해 공식 없이 인수분해해 보도록 하자.

예를 들어 다항식 x^2-4를 인수분해할 경우, 인수분해는 인수들의 곱이므로 일단 x^2-4의 인수를 찾아야 한다. 다항식의 인수란 그 다항식을 나누어떨어지게 하는 수이므로 x^2-4의 인수를 찾기 위해 우리는 x^2-4를 여러 다항식 x, $x-1$, $x+1$, …으로 일일이 나눠 봐야 한다.

이처럼 공식 없이는 주어진 다항식을 나누어떨어지게 하는 인수를 찾기가 쉽지 않다. 그러니 고생을 좀 덜하기 위해서라도 꼭 공식을 외워 둘 일이다.

물론 그렇다고 해서 인수분해 공식 4개만 외우고 있으면 모든 다항식

을 인수분해할 수 있는 것은 아니다. 환자를 낫게 하는 치료법 몇 가지를 알고 있는 의사가 "내 치료법으로 모든 환자를 치료할 수 있어."라고 말할 수 없듯이 인수분해 공식 4개를 완벽하게 외우고 있는 친구라 하더라도 모든 다항식을 인수분해할 수 있다고 큰소리쳐서는 안 된다. 병의 종류만큼이나 다항식의 종류는 다양하니까.

$ma+mb=m(a+b)$: 공통인수 찾기

$a^2+2ab+b^2=(a+b)^2$, $a^2-2ab+b^2=(a-b)^2$: 완전제곱식

$a^2-b^2=(a+b)(a-b)$: 제곱의 차

$x^2+(a+b)x+ab=(x+a)(x+b)$: x^2의 계수가 1인 이차식

$acx^2+(ad+bc)x+bd=(ax+b)(cx+d)$

: x^2의 계수가 1이 아닌 이차식

인수분해! 너는 소인수분해와 무엇이 다른 거야?

　인수분해, 소인수분해, 전기분해, 자동차 분해는 모두 분해의 한 종류이다. 낱낱으로 쪼개는 것을 가리키는 바로 그 '분해' 말이다. 여기서 잠깐, 1학년 때 배운 소인수분해부터 떠올려 보자.

　소인수분해는 다음과 같이 자연수를 소수들의 곱으로 나타낸 것이다. 이때 2와 3은 자연수 12가 품고 있는 소수이다.

$$12 = 2^2 \times 3$$

　그렇다면 인수분해란 무엇일까? 인수분해는 다음과 같이 하나의 다항식을 몇 개의 다항식의 곱으로 나타낸 것이다. 이때 $x+1$, $x+4$는 x^2+5x+4가 품고 있는 다항식이다.

$$x^2 + 5x + 4 = (x+1)(x+4)$$

　이처럼 소인수분해나 인수분해는 둘 다 곱의 꼴로 분해한다는 점에서 보면 같은 개념이다. 또 곱하는 순서를 생각하지 않는다면 둘 다 딱 한 가지 방법으로 분해된다. 하지만 소인수분해는 수를 분해한 것이고, 인수분해는 식을 분해하는 것이라는 차이점이 있다 그리고 수를 분해하는 소인수분해는 구구단의 역이고, 다항식을 분해하는 인수분해는 곱셈 공식의 역이라는 것도 꼭 알아두도록 하자.

$$15 \xleftrightarrow[\text{소인수분해}]{\text{구구단}} 3 \times 5$$

$$x^2 - 3x + 2 \xleftrightarrow[\text{인수분해}]{\text{전개}} (x-2)(x-1)$$

　참고로 소인수분해나 인수분해는 컴퓨터나 자동차를 분해하는 일이나 사람의 몸을 구성하는 세포 연구에도 사용되는 등 정보를 얻거나 다양한 문제를 해결하는 데 이용되기도 한다. 이와 같은 소인수분해나 인수분해는 컴퓨터나 자동차를 분해하여 여러 정보를 알아내는 것처럼, 혹은 사람 몸의 조직인 세포를 연구하여 인간의 몸을 알아내는 것처럼 정보를 얻거나 다양한 문제를 해결하는 데 이용된다.

교과 소인수분해를 도와주는 인수분해

　『중1이 알아야 할 수학의 절대지식』의 첫째 마당에서 우리는 소인수분해를 이용한 암호 풀이, RSA암호 체계를 살펴본 바 있다. 이 RSA암호 체계에서는 소인수분해가 어려운 수를 공개키로 삼아야 해독이 어려운 강력한 암호를 만들 수 있다. 그렇다면 다음 수를 공개키로 하는 암호는

과연 좋은 암호라고 할 수 있을까?

4891

주어진 수는 홀수에 4자리 수나 되니 딱 보기에도 소인수분해가 쉬워 보이지는 않는다. 어쨌거나 주어진 공개키 4891을 소인수분해하여 그것의 비밀키를 찾아보자. 이때 힌트는 비밀번호가 공개키의 소인수들로 구성된다는 것이다. 어쨌든 비밀번호를 찾으려면 4891을 소인수분해해야만 한다.

그러나 앞서 살펴보았듯 4891을 소인수분해하기란 쉽지 않다. 4891을 나누는 소수가 어떤 수인지 찾기 어렵기 때문이다. 소수 2, 3, 5, 7, …으로 하나하나 나누어 봐야 하는데 어느 세월에 일일이 계산해 보겠는가? 이럴 때 인수분해의 도움을 받아 보자. 일단 4891을 $a^2 - b^2$의 꼴로 변형하면 다음과 같다.

$$4891 = 4900 - 9 = 70^2 - 3^2$$

이때 인수분해 공식 $a^2 - b^2 = (a-b)(a+b)$를 이용하면 다음과 같이 인수분해할 수 있고, 나아가 4891의 소인수들도 찾을 수 있다.

$$4891 = 4900 - 9 = 70^2 - 3^2 = (70-3)(70+3)$$

즉 $4891 = 67 \times 73$이다. 이것으로 4891의 소인수가 밝혀졌다. 바로

67, 73이다. 따라서 공개키 4891에 대한 비밀번호는 6773이다.

이와 같은 방법으로 오늘의 미션! 공개키 9991의 비밀번호를 찾아라.

$$9991 = 10000 - 9 = 100^2 - 3^2 = (100 - 3)(100 + 3) = 97 \times 103$$

따라서 공개키 9991의 비밀번호는 97103! 오케이? 다만 잊지 말아야할 것이 있다. 앞서 살펴본 것처럼 인수분해 공식을 이용하여 편리하게소인수분해할 수 있는 수의 개수가 그리 많지 않다는 점이다.

 ## 소인수분해와 인수분해 중 누가 형이야?

소인수분해는 중학교 1학년 과정에, 그리고 인수분해는 중학교 3학년과정에 속해 있다. 무엇이든 연관시키기를 좋아하는 친구들이라면 소인수분해를 인수분해보다 일찍 배운다는 사실을 근거로, 수학의 역사 속에서도 인수분해가 소인수분해보다 늦게 발견된 것이 아닐까 하고 추측할지도 모르겠다. 모든 수학의 발전 과정이 교과과정과 일치하는 것은 아니지만 소인수분해와 인수분해의 경우에는 친구들의 예상이 맞다. 인수분해는 소인수분해보다 늦게 태어났다. 자그마치 2천 년이나! 하지만 우리는 이 둘을 한꺼번에 생각해 볼 수 있다.

자연수 18을 분해해 보자.

$$18 = 1 \times 18$$
$$= 2 \times 9$$
$$= 3 \times 6$$

이처럼 3가지 방법이 있다. 이외에도 분수나 소수까지 동원하면 방법은 더 많다.

$$18 = \frac{1}{2} \times 36$$
$$= 0.01 \times 1800$$
$$\vdots$$

하지만 18을 소인수의 곱으로 분해해 보면 $18 = 2 \times 3^2$으로 오로지 한 가지뿐이다. 곱하는 순서를 생각하지 않는다면 말이다. 이처럼 1보다 큰 자연수는 순서를 생각하지 않을 때 오직 한 가지 방법으로 소인수 분해된다는 것을 처음으로 밝힌 사람은 기원전 3세기 고대 그리스 수학자 유클리드Euclid였다.

그럼 이번에는 다항식 $2x^2 - 8$을 분해해 보자.

$$2x^2 - 8 = 1 \times (2x^2 - 8)$$
$$= 2 \times (x^2 - 4)$$
$$= 2 \times (x - 2)(x + 2)$$

이처럼 정수 계수의 다항식의 곱으로 고치는 방법은 3가지가 있다. 이 외에도 정수 계수가 아닌 실수까지 동원하면 그 방법은 또한 무한할 것이다. 하지만 $2x^2-8$을 인수분해하는 방법은 $2x^2-8=2(x-2)(x+2)$로 오로지 한 가지뿐이다. 곱하는 순서를 생각하지 않는다면 말이다.

그렇다면 더 이상 인수분해되지 않는 정수 계수의 다항식의 곱으로 일차 이상의 다항식을 표현하는 이와 같은 방법을 알아낸 수학자는 누구였을까? 바로 19세기의 독일 수학자 가우스Carl Friedrich Gauss였다.

기원전 3세기 유클리드에서 19세기 가우스까지 장장 2천 년의 시간이 흘러 인수분해가 발견된 것이다. 동전의 양면과 같은 소인수분해와 인수분해! 한 면에서 다른 면으로 동전을 뒤집는데 2천 년이란 어마어마한 시간이 흘렀다니! 우리 친구들도 이와 같은 역사를 통해 수학의 발전이 쉬이 이루어진 것이 아님을 잊지 말도록 하자.

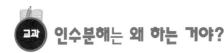

인수분해는 왜 하는 거야?

고장 난 시계를 수리하기 위해서는 시계를 낱낱이 분해해야만 한다. 이때 수리를 위해 시계를 분해한다고 불만을 드러내는 친구는 아무도 없을 것이다. 그러나 인수분해를 배울 때는 사정이 달라진다. "언제는 곱하라고 하더니 이제는 또 분해해요?" 하고 많은 친구들이 불만을 나타낸다. 필요에 의해서 분해했다 조립하는 것은 시계 수리점이나 수학에서나 마

찬가지인데 왜 수학에 대해서만 유독 불만을 가지게 될까? 대부분의 친구들이 인수분해가 어째서 시계 수리처럼 유용한지 전혀 모르고 있기 때문이다. 결국 불만의 유무는 유용성이 있느냐 없느냐에 따라 달려 있다.

시계를 고치려면 분해의 과정이 필수적이라는 사실을 모르는 어린아이 앞에서 아이가 아끼던 시계를 분해했다고 가정해 보자. 아마 어린아이는 자신이 아끼던 시계가 완전히 망가져 버렸다는 생각에 울음을 터트릴 것이다. 어린아이들이 시계를 분해하는 일의 유용성을 배울 필요가 있는 것과 마찬가지로 우리 친구들 또한 다항식을 분해하는 일의 유용성을 새롭게 알고, 인수분해에 대한 부정적 인식을 수정할 필요가 있다.

자! 인수분해의 유용성에 대해 알아보자.

첫째, 큰 수의 소인수를 쉽게 찾을 수 있다.

3599의 소인수를 찾아보자.

$3599 = 3600 - 1 = 60^2 - 1^2 = (60-1)(60+1) = 59 \times 61$

따라서 3599의 소인수는 59와 61이다.

둘째, 쉽게 계산할 수 있다.

$103^2 - 97^2$을 인수분해를 이용해서 계산해 보자.

$103^2 - 97^2 = (103-97)(103+97) = 6 \times 200 = 1200$

어떤가? 각각을 제곱한 뒤 빼주는 것보다 몇 배는 빠르다는 생각이 들지 않는가? 다음 계산도 마찬가지이다.

$x=99$일 때 x^2+2x+1의 값을 구할 경우 $x^2+2x+1 = (x+1)^2 = (99+1)^2 = 10000$처럼 손쉽게 계산할 수 있다.

셋째, 이차방정식을 쉽게 풀 수 있다.

등식 $x^2-8x+15=0$이 참이 되게 하는 x는 무엇일까?

$x^2-8x+15 = (x-3)(x-5) = 0$이므로 $x=3$ 또는 $x=5$이다.

넷째, 컴퓨터 프로그램을 돌릴 때 연산의 횟수를 줄일 수 있다.

특정한 a의 값에 대하여 a^2+6a+9의 값을 구할 때, 곱셈 2번($a^2 = a \times a$, $6a = 6 \times a$), 덧셈 2번으로 총 4번의 연산이 필요하다. 하지만 a^2+6a+9 대신에 인수분해한 식 $(a+3)^2$을 이용하면 딱 2번(덧셈 1번,

곱셈 1번)의 연산만으로 충분하다.

$$(a+3)^{②}$$

곱셈 1회

덧셈 1회

　이처럼 인수분해를 이용하면 특정한 수의 소인수를 쉽게 찾아낼 수 있고, 또 계산이나 방정식을 좀 더 빨리 해결할 수 있으며, 컴퓨터 프로그램의 계산 속도도 빨라지게 할 수 있다. 참으로 유용하지 않은가!

 ## 수학적으로 생각한다는 것은?

　'요리를 잘한다' '옷을 잘 입는다' 등과 같은 판단을 가능케 하는 기준에 대해 생각해 보자. 아마도 요리의 경우에는 같은 재료로 얼마나 다양한 음식을 만들어낼 수 있느냐가, 옷의 경우에는 같은 옷을 가지고 얼마나 다양한 스타일을 연출할 수 있느냐가 판단의 기준이 될 것이다.

　그렇다면 '수학을 잘한다'는 판단은 어떨까? 앞선 논의에 따르자면 수학을 잘한다는 것 역시 요리나 패션처럼 한정적으로 주어진 수나 식을 가지고 얼마나 다양한 표현을 할 수 있느냐에 따라 인정되거나 부정된다.

　자, 그럼 자연수 5의 다양한 수학적 표현 방법들을 나열해 보면서 한정된 수를 얼마나 다양하게 표현할 수 있는지를 구체적으로 알아보도록 하자.

수를 처음 배운 어린아이들은 한쪽 손의 손가락을 펴 보이는 것으로 숫자 5를 표현하곤 한다. 그러던 아이가 초등학교 저학년이 되면 $5=1+4$, $5=2+3$임을 알고, 고학년이 되면 $5=\dfrac{5}{1}=\dfrac{10}{2}=\dfrac{15}{3}$, …와 같은 분수는 물론이고 $5=6-1$, $10-5$, …, $1\times5=5$, $10\div2=5$, $6-\left(\dfrac{3}{2}-\dfrac{1}{2}\right)$, …처럼 사칙연산 기호를 이용하여 다양한 방법으로 숫자 5를 표현할 수 있게 된다.

중학생인 여러분은 어떤가? 여러분은 숫자 5를 $(-5)\times(-1)$, $\dfrac{5}{2}\times2$처럼 음수나 분수를 이용하여 표현할 줄도 알고, 더 나아가 $\dfrac{-10}{-2}$, $4.\dot{9}$, $\sqrt{25}$, $5\tan45°$처럼 순환소수나 근호 또는 삼각비를 이용하여 표현할 줄도 안다. 이에 더해 우리 친구들이 앞으로 고등학생이 되면 5^1, $\log_2 2^5$, $\log10^5$과 같이 좀 더 색다른 수로 숫자 5를 표현하는 방법도 배우게 될 것이다.

이처럼 5를 표현하는 방법은 참으로 다양하다. 요리나 옷 스타일이 여러 가지로 변화할 수 있듯이 수학에서도 수나 식이 다양하게 변형될 수 있다는 것, 변형의 다양성에 따라 수학의 깊이가 가늠되기도 한다는 것, 마지막으로 이러한 다양성이 21세기를 살아가는 여러분의 경쟁력이 될 수 있다는 것을 잊지 말고 기억해 두도록 하자. 혹시 21세기의 경쟁력은 다양성이라는 말에 발끈한 친구는 다음 그림을 보자. 수학 기호를 써서 가격을 표시한 음식점이 한때 이슈화된 적 있었다는 사실을 염두에 두면서 말이다.

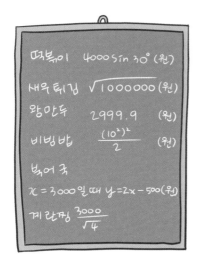

 ## 이차방정식이 궁금해

방정식은 $2x=10$, $x^2=4$처럼 미지수 x의 값에 따라 참이 되기도 하고, 거짓이 되기도 하는 등식을 말한다. 이와 같은 방정식들은 모두 (x에 대한 식)=0의 꼴로 정리할 수 있다. 이때 좌변에 해당하는 (x에 대한 식)이 일차식이면 '일차방정식', 이차식이면 '이차방정식', 삼차식이면 '삼차방정식'이라고 한다. $2x+1=0$은 일차방정식, $x^2+2x+1=0$은 이차방정식, $x^3-1=0$은 삼차방정식, $x^4-1=0$은 사차방정식인 식으로 말이다.

이 중 이차방정식을 우선 공부해 보도록 하자.

앞서 언급했듯 등식의 우변에 있는 모든 항을 좌변으로 이항하여 정리했을 때, (x에 대한 식)이 이차식인 경우를 이차방정식이라고 한다. 즉 (x에 대한 이차식)=0의 꼴이면 이차방정식이다.

그렇다면 등식 $(x-3)(2x+5)=4$는 이차방정식일까? 안타깝게도 등식의 외양만으로 이차방정식인지의 여부를 바로 판별하기란 불가능하다. 특정 등식이 이차방정식인지 아닌지를 알기 위해서는 반드시 식을 정리해 봐야만 한다. 식을 정리해 봤을 때 (x에 대한 이차식)=0의 꼴이면 이차방정식이고 그렇지 않으면 이차방정식이 아닌 것이다.

주어진 식을 정리해 보자.

$$(x-3)(2x+5)=4$$
$$2x^2-x-15-4=0$$
$$2x^2-x-19=0$$

따라서 (x에 대한 이차식)=0의 꼴이므로 이차방정식이다.
한편 $2x^2-x-15=2x^2$은 이차방정식이 아니다.

$$2x^2-x-15=2x^2$$
$$2x^2-x-15-2x^2=0$$
$$-x-15=0$$

(x에 대한 이차식)=0의 꼴이 아니라 (x에 대한 일차식)=0의 꼴이기 때문이다. 일반적으로 x에 대한 이차방정식은 $ax^2+bx+c=0(a, b,$

c는 상수, $a\neq0$)의 꼴임을 기억해 두자. 참고로 이차방정식 $2x^2-x-19=0$에서 $a=2$, $b=-1$, $c=-19$이다.

입는 옷이나 신발도 기본 모양이 있듯이 방정식에도 일반화된 기본 꼴이 있다.

> 일차방정식의 기본 꼴 $ax+b=0$(단, a, b는 상수, $a\neq0$)
> 이차방정식의 기본 꼴 $ax^2+bx+c=0$(단, a, b, c는 상수, $a\neq0$)
> 삼차방정식의 기본 꼴 $ax^3+bx^2+cx+d=0$
> (단, a, b, c, d는 상수, $a\neq0$)

여기서 주의해야 할 점은 몇 차 방정식이든지 최고차항의 계수 a는 절대 0이어서는 안 된다는 것이다. 즉 $a\neq0$이다.

다음과 같은 방정식 족보 그림을 통해 거대한 '식'의 세계 속에서 방정식의 위치를 기억해 두도록 하자.

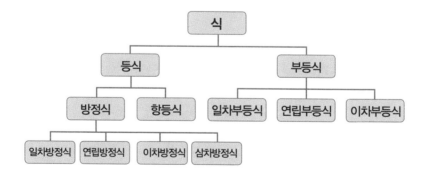

이차방정식은 어떻게 푸는 거야?

이차방정식을 푼다.

이차방정식의 해를 구한다.

이차방정식을 참이 되게 하는 x의 값을 구한다.

위의 세 문장은 모두 같은 의미이다. 때문에 '이차방정식을 어떻게 풀까?'라는 질문은 '이차방정식의 해는 어떻게 구할까?' 또는 '이차방정식을 참이 되게 하는 x의 값을 어떻게 구할까?'라는 질문과 동일하다.

자, 본격적으로 이차방정식의 풀이 방법을 알아보도록 하자. 이차방정식을 푸는 방법은 다양하지만 여기서는 그 중에 몇 가지만을 소개하고자 한다.

첫째, 인수분해를 이용해서 풀 수 있다.

두 수 또는 두 식 A, B에 대하여 $AB=0$이면 $A=0$ 또는 $B=0$이다. 이 성질을 이용하면 (일차식)×(일차식)$=0$의 꼴로 인수분해되는 경우에 다음과 같이 이차방정식의 해를 쉽게 구할 수 있다. 이차방정식 $x^2+x-2=0$을 풀 때 좌변의 이차식을 인수분해하면 다음과 같다.

$$x^2+x-2=0$$
$$(x+2)(x-1)=0$$

이때 $x+2=0$ 또는 $x-1=0$이므로 이차방정식 $x^2+x-2=0$의 해는 $x=-2$ 또는 $x=1$이다. 이처럼 인수분해를 이용하면 이차방정식의 해를 구하는 일이 아주 간단해진다. 하지만 안타깝게도 인수분해를 할 수 있는 이차식은 그리 많지 않다. 그러니까 인수분해가 되는 이차식보다 되지 않는 이차식이 더 많은 것이다. 때문에 우리는 다음과 같은 또 다른 방법을 모색할 수밖에 없다.

둘째, 제곱근을 이용할 수 있다.

이차방정식 중에는 제곱근을 이용하여 그것의 해를 구하는 경우가 종종 있다. 예를 들어 이차방정식 $x^2-5=0$을 풀 때 $x^2=5$를 이용하면 x는 5의 제곱근이므로 $x=\pm\sqrt{5}$이다. 따라서 이차방정식 $x^2-5=0$의 해는 $x=\sqrt{5}$ 또는 $x=-\sqrt{5}$이다. 이처럼 제곱근을 이용하는 방법도 인수분해 못지않게 간단하긴 하지만 모든 이차방정식에 적용 불가능하다는 점에서 인수분해와 같은 한계를 갖는다. 일반적으로 $ax^2=b\,(a\neq0,\ ab\geq0)$의 꼴인 이차방정식일 경우 $x^2=\dfrac{b}{a}$이므로 $x=\sqrt{\dfrac{b}{a}}$ 또는 $x=-\sqrt{\dfrac{b}{a}}$이다.

셋째, 완전제곱식을 이용할 수 있다. 이차방정식의 좌변이 인수분해되지 않을 때 다음과 같이 좌변을 완전제곱식으로 고쳐 풀 수 있다.

$$x^2+4x-1=0$$
$$x^2+4x=1$$

$$x^2+4x+2^2=1+2^2$$
$$(x+2)^2=5$$
$$x+2=\pm\sqrt{5}$$
$$\therefore x=-2\pm\sqrt{5}$$

넷째, 근의 공식을 이용할 수 있다.

근의 공식을 이용하면 이차방정식의 해를 백퍼센트 구할 수 있다.

즉 어떤 이차방정식 $ax^2+bx+c=0$이든지간에 근의 공식 $x=\dfrac{-b\pm\sqrt{b^2-4ac}}{2a}$에 집어넣기만 하면 그 해를 구할 수 있다는 것이다. 그렇다고 무조건 근의 공식에 집어넣어서 모든 이차방정식을 풀 필요는 없다. 근의 공식보다 인수분해 또는 제곱근을 이용해서 푸는 것이 훨씬 간단한 이차방정식도 있기 때문이다. 어쨌거나 다른 방법으로 쉽게 해결되지 않는 이차방정식을 만났을 경우에는 백퍼센트의 해결사, 근의 공식을 히든 카드로 꺼내들도록 하자!

지금까지 살펴본 4가지 방법 외에도 수를 하나씩 대입하거나 치환을 이용하는 등의 이차방정식의 해를 구하는 방법이 여럿 있다. 다만 우리가 다룬 방법들이 가장 편하고 인기 있는 방법들이므로 우선적으로 익혀 두도록 하자.

이차방정식의 해를 구하는 인기 있는 방법

1. 인수분해를 한다.
2. 제곱근을 이용한다.
3. 완전제곱식을 이용한다.
4. 근의 공식에 대입한다.

 ## 교과 근의 공식을 직접 만들어 봐

이차방정식 $ax^2+bx+c=0\,(a\neq0)$을 풀어 보자. 숫자 하나 없이 몽땅 문자뿐인 이차방정식! 어떻게 풀까? 인수분해? 아니면 제곱근? 슬프게도 둘 다 적용이 되지 않는다. 이럴 땐 좀 복잡하긴 하지만 완전제곱식을 이용해야 한다. 자, 꼼꼼하게 풀어 보자.

첫째, 좌변을 완전제곱식으로 만들기 위해 x^2의 계수가 1이 되도록 등호의 양변을 a로 나눈다.

$$x^2+\frac{b}{a}x+\frac{c}{a}=0$$

둘째, 상수항을 우변으로 이항한다.

$$x^2+\frac{b}{a}x=-\frac{c}{a}$$

셋째, x의 계수의 절반을 제곱한 값을 양변에 더한다.

$$x^2 + \frac{b}{a} + \left(\frac{b}{2a}\right)^2 = -\frac{c}{a} + \left(\frac{b}{2a}\right)^2$$

넷째, 좌변을 완전제곱식으로 만들고 우변을 정리한다.

$$\left(x + \frac{b}{2a}\right)^2 = -\frac{c}{a} + \frac{b^2}{4a^2} = -\frac{4ac}{4a^2} + \frac{b^2}{4a^2} = \frac{b^2 - 4ac}{4a^2}$$

다섯째, 제곱근을 구한다.

$$x + \frac{b}{2a} = \pm\sqrt{\frac{b^2 - 4ac}{4a^2}}$$

여섯째, 정리하여 근을 구한다.

$$x + \frac{b}{2a} = \pm\frac{\sqrt{b^2 - 4ac}}{2a}$$

$$x = -\frac{b}{2a} \pm \frac{\sqrt{b^2 - 4ac}}{2a}$$

$$\therefore x = \frac{-b \pm \sqrt{b^2 - 4ac}}{2a} \ (\text{단, } b^2 - 4ac \geq 0)$$

따라서 이차방정식 $ax^2 + bx + c = 0 \, (a \neq 0)$의 근은
$x = \dfrac{-b \pm \sqrt{b^2 - 4ac}}{2a}$ (단, $b^2 - 4ac \geq 0$)이고, 이것의 이름을 이차방정식
의 '근의 공식'이라고 한다. 특히 x에 대한 이차방정식에서 x의 계수가

짝수일 경우, 즉 $ax^2+2b'x+c=0(a\neq0)$일 경우에도 같은 방법으로 해를 구할 수 있다.

$$x^2+\frac{2b'}{a}x+\frac{c}{a}=0$$

$$x^2+\frac{2b'}{a}x=-\frac{c}{a}$$

$$x^2+\frac{2b'}{a}x+\left(\frac{b'}{a}\right)^2=-\frac{c}{a}+\left(\frac{b'}{a}\right)^2$$

$$\left(x+\frac{b'}{a}\right)^2=-\frac{c}{a}+\frac{b'^2}{a^2}=-\frac{ac}{a^2}+\frac{b'^2}{a^2}=\frac{b'^2-ac}{a^2}$$

이때 제곱근을 이용하여 풀면 다음과 같다.

$$x+\frac{b'}{a}=\pm\sqrt{\frac{b'^2-ac}{a^2}}=\pm\frac{\sqrt{b'^2-ac}}{a}$$

$$\therefore x=-\frac{b'}{a}\pm\frac{\sqrt{b'^2-ac}}{a}=\frac{-b'\pm\sqrt{b'^2-ac}}{a}\ (\text{단},\ b'^2-ac\geq0)$$

따라서 일차항의 계수가 짝수일 경우 근의 공식은 $x=\dfrac{-b'\pm\sqrt{b'^2-ac}}{a}$ (단, $b'^2-ac\geq0$)이다. 하지만 이 공식은 계산이 편리하다는 장점은 있으나 따로 외워야 하기 때문에 짝수든 홀수든 상관없이 쓸 수 있는 근의 공식 $x=\dfrac{-b\pm\sqrt{b^2-4ac}}{a}$ (단, $b^2-4ac\geq0$)을 추천하고 싶다. 그래도 짝수 공식을 알면 좀 더 빠른 계산을 할 수 있다는 것! 기억해 두자.

융합 기원전에도 이차방정식 문제를 풀 수 있었다고?

인류에겐 인류의 역사가 있듯이 수학에도 수학의 역사, 즉 수학사가 있다. 이차방정식의 역사 또한 이 수학사에 포함된다. 이차방정식의 풀이는 수학사의 흐름을 통해 새롭게 발견되어지거나 다듬어지는 방식으로 점차 발전해 왔다. 다시 말해 옛날옛날, 호랑이 담배 피던 시절에도 특수한 상황하에 존재했던 이차방정식 문제를 풀기 위해 고대인들도 나름의 고심을 거듭했던 것이다. 물론 이때의 풀이 방법은 오늘날과는 달리 문자를 사용하지도, 인수분해나 근의 공식을 사용하지도 않는다.

이차방정식의 풀이 방법을 시대별로 분석해 보면 다음과 같다.

기원전 고대 바빌로니아에서는 이차방정식 문제 "정사각형 넓이에서 한 변의 길이를 뺀 값이 870일 때, 정사각형 한 변의 길이를 구하여라."를 다음과 같은 방법으로 해결했다. 1의 반은 0.5이고, $0.5^2 = 0.25$이다. 이것을 870과 더하면, 즉 $870 + 0.25 = 870.25$이고, $870.25 = 29.5^2$이다. 따라서 정사각형 한 변의 길이는 $29.5 + 0.5 = 30$이다.

왜 이런 식으로 답을 구했는지 알아챈 친구가 있을지 모르겠다. 잘 모르겠다면 다음을 보자.

오늘날의 이차방정식 풀이 방법대로 다시 풀어 보자. 우선 정사각형의 한 변의 길이를 x라 해두고 식을 세우면 $x^2 - x = 870$이다. 이때 완전제곱식을 이용하면 다음과 같다.

$$x^2 - x = 870$$
$$x^2 - x + \left(\frac{1}{2}\right)^2 = 870 + \left(\frac{1}{2}\right)^2$$
$$\left(x - \frac{1}{2}\right)^2 = 870.25$$

또 제곱근을 이용하면 $x - \frac{1}{2} = \pm\sqrt{870.25}$, $x = \frac{1}{2} \pm 29.5$, $x = 30$ 또는 $x = -29$이다. 따라서 정사각형 한 변의 길이는 30임을 알 수 있다.

이쯤 되면 기원전 바빌로니아인들의 해결 방법이 오늘날 우리가 쓰고 있는 문제 풀이 방법과 크게 다르지 않다는 것을 알 수 있을 것이다. 다만 고대인들은 문제 해결을 위해 미지수나 부호, 기호 등을 사용하지 않았다는 차이점이 있을 뿐이다. 때문에 이차방정식 문제를 무엇이든 척척 풀어낼 수 있는 우리들과 달리 고대인들은 특수한 상황에서의 몇 개의 이차방정식 문제만을 다루는 한계를 가질 수밖에 없었다.

3세기 무렵 그리스 수학자 디오판토스Diophantos는 이차방정식 $x^2+6x=40$을 다음과 같이 풀었다.

$$x^2+6x=40$$
$$x^2+6x+3^2=40+3^2$$
$$(x+3)^2=49$$

여기서 디오판토스는 $x+3$은 오로지 7밖에 없다고 생각하는 오류를 범한다. 즉 제곱하여 49가 되는 수는 +7과 -7로 총 2개임에도 불구하고 음수는 고려하지 못했던 것이다. 전해지는 이야기에 따르면 디오판토스도 방정식의 해가 오로지 양수뿐이라고는 생각하지 않았지만 당시의 수학계에 아직 음수 개념이 없었기 때문에 음수 해를 무시할 수밖에 없었다고 한다.

6세기경 인도의 수학자 브라마굽타Brahmagupta는 원금과 이자 계산에 대한 방정식 문제를 주로 다루었는데, 그가 쓴 이차방정식 풀이 방법은 오늘날 우리가 쓰고 있는 근의 공식과 비슷했다고 한다. 하지만 그 역시 디오판토스처럼 음수를 자유자재로 사용하지 못하고 주로 양수의 근을 가진 이차방정식만을 다루었다.

9세기경 아라비아 수학자 알콰리즈미Al-Khwárizmi는 이차방정식 문제를 도형을 이용하여 풀었다. 알콰리즈미 방식대로 $x^2+6x=40$을 풀어 보자. $x^2+6x=x(x+6)$이므로 세로의 길이가 x, 가로의 길이가 $x+6$인 직사각형을 만들 수 있다.

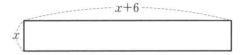

이것을 다시 직사각형의 가로의 길이를 x, 3, 3인 3개의 직사각형으로 나눈다.

3개의 직사각형을 다음 그림과 같이 배열하고, 정사각형이 되도록 넓이가 9인 정사각형 하나를 추가한다.

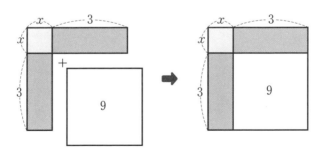

이렇게 만들어진 정사각형의 넓이는 $x^2+6x=40$이므로 $40+9=49$ $=7^2$이다. 따라서 $x+3=7$, $x=4$이다.

이처럼 도형을 이용하여 이차방정식을 풀 경우 길이는 음수일 리가 없으므로 양수의 해만을 구할 수 있다. 실제로도 알콰리즈미는 음수에 대한 지식이 부족하여 이차방정식의 해 중에서 양수인 것만을 인정했다.

12세기 인도 수학자 바스카라 Bhaskara는 이차방정식을 근의 공식으로 푸는 것은 물론이고, 이차방정식 근 중에는 양수가 아닌 것도 있다는 사실을 최초로 발견한 수학자이다. 물론 그렇다고 해서 바스카라가 이차방정식의 근 중에는 양수 아닌 음수도 있다고 정확히 인지하고 있던 것은 아니다. 바스카라가 살던 시대에는 음수가 수로서 인정을 받기 전이었기 때문이다(음수가 수로 받아들이기 시작한 것은 17세기 수학자 데카르트 이후다. 『중1이 알아야 할 수학의 절대지식』 73쪽 참조).

즉, 바스카라는 음수의 근을 명확히 발견하지는 못했지만 이차방정식의 근 중에는 양수가 아닌 또 다른 어떤 근이 있다는 것, 그렇기 때문에 이차방정식은 항상 2개의 근을 가진다는 2가지의 새로운 사실은 명확히 인지하고 있었다. 참고로 음수뿐만 아니라 무리수인 근도 존재한다는 것을 알아낸 수학자 역시 바스카라다.

그렇다면 오늘날 우리는 어떤가? 인수분해나 근의 공식을 이용하면 아무리 복잡한 이차방정식이라도 여지없이 풀 수 있다. 그리고 우리는 이차방정식이 항상 2개의 근을 가진다는 바스카라의 주장 또한 항상 맞지 않는다는 사실도 안다. 이차방정식 $x^2=0$의 근은 $x=0$ 하나이고, $x^2=-4$

(x는 실수)의 근은 없지 않은가?

어쨌거나 우리가 지금 여기서 공부하는 수학이 이처럼 수많은 수학자들에 의해 오랜 시간 동안 지속적으로 발전해 온 결과물이라는 사실은 잊지 말고 기억해 둘 일이다.

A4 용지 속의 금강비

인류는 종이가 발명되기 이전부터 기록을 남겼다고 한다. 바위나 동물의 뼈 또는 점토판이나 파피루스와 같은 것들을 이용해서 말이다. 하지만 이것들은 무겁고 부피가 크며 처리 과정이 아주 복잡하다는 불편함이 있었다. 때문에 종이는 발명되자마자 그 인기가 하늘을 찔렀단다.

종이에 얽힌 이야기를 좀 더 해보자. 우리는 이미 2학년의 도형 단원에서 종이에 대한 몇 가지 이야기를 다루었다. 종이 사용량의 증가와 함께 종이를 보다 효율적으로 사용하기 위해 종이 표준 규격을 정했다는 것, 또 종이 낭비를 막기 위해 복사 또는 인쇄용지로 많이 쓰는 종이들은 반으로 잘라도 그 모양이 변하지 않도록 만들었다는 것 등이 2학년 때 새롭게 알게 된 종이에 대한 정보였다.

3학년인 우리는 종이의 크기를 반으로 잘랐을 때 그 모양이 변치 않도록 하려면 두 변의 길이의 비율, 즉 가로와 세로의 길이 비율을 어떻게 정해야 하는지에 대해서 알아볼 것이다.

다음 그림의 직사각형 ABCD에서 두 변 AD와 BC의 중점을 각각 E, F라 하고, 또 $\overline{AD}=x$라 해두자.

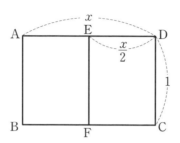

이때 두 직사각형 □ABCD와 □DEFC가 서로 닮은 도형이면 다음과 같은 비례식이 성립한다.

$$\overline{AB}:\overline{DE}=\overline{AD}:\overline{DC} \text{ 즉, } 1:\frac{x}{2}=x:1$$

비례식을 풀면 $\frac{x^2}{2}=1$, $x^2=2$이고 $x>0$이므로 $x=\sqrt{2}$이다. 따라서 두 변의 길이의 비, 즉 짧은 변과 긴 변의 길이의 비 $\overline{DC}:\overline{AD}=1:\sqrt{2}$임을 알 수 있다. 정리하면 전지를 절반으로 자르고, 또다시 절반으로 잘랐을 때 그것들이 몽땅 서로 닮음이려면 전지의 짧은 변의 길이에 대한 긴 변의 길이의 비는 $1:\sqrt{2}$여야 된다는 것이다. 이와 같은 비율 $1:\sqrt{2}$를 흔히 동양의 황금비, 즉 '금강비'라고 부른다는 것은 앞서 얘기한 바 있다.

전지 A0의 두 변의 길이는?

전지 A0는 A1, A2, A3, A4, … 용지의 전신이며 모체다.

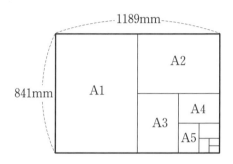

위 그림처럼 전지 A0를 몇 번 반복해서 잘랐느냐에 따라 용지에 이름을 붙여 나가면 A1, A2, A3, A4, …가 되는 것이다. 이때 A0의 표준 규격은 1189mm×841mm이다. 왜 군이 복잡한 숫자를 써서 A0의 크기를 정해 뒀을까? 1000mm×800mm처럼 기억하기 좋은 숫자면 좋을 텐데 말이다. 그 내막을 들여다보자.

우선 전지 A0는 넓이가 $1m^2$이어야 한다. 또 전지를 몇 번 자르든지 간에 모양이 가진 비율은 변치 말아야 하므로 짧은 변과 긴 변의 길이의 비는 $1:\sqrt{2}$여야 한다.

이 2가지 조건을 만족시켜야 하는 A0의 운명! 이를 수학적으로 분석하면 다음과 같다.

자, 넓이가 $1m^2$이면서 짧은 변과 긴 변의 길이의 비가 $1:\sqrt{2}$인 직사각형을 생각해 보자. 짧은 변의 길이를 x라 해두면 다음과 같은 그림을 그릴 수 있을 것이다.

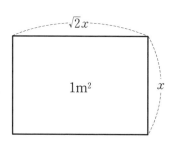

이때 직사각형 넓이 $1 = \sqrt{2}x \times x$이다. 풀면 $\sqrt{2}x^2 = 1$, $x^2 = \dfrac{1}{\sqrt{2}} = \dfrac{\sqrt{2}}{2} = 0.707$(단, $\sqrt{2} = 1.414$)이므로 짧은 변의 길이 x는 $x = \sqrt{0.707}$이다. 이때 $\sqrt{0.707} = \sqrt{\dfrac{1}{100} \times 70.7} = \dfrac{1}{10} \times \sqrt{70.7}$이므로 제곱근표를 이용하면 $\sqrt{70.7} = 8.408 = 8.41$이다. 즉 $x = \sqrt{0.707} = \dfrac{1}{10} \times \sqrt{70.7} = \dfrac{1}{10} \times 8.41 = 0.841\text{m} = 84.1\text{cm} = 841\text{mm}$이다. 따라서 짧은 변 길이 x는 841mm이고 그것의 $\sqrt{2}$배인 긴 변의 길이 $\sqrt{2}x$는 $\sqrt{2} = 1.414$로 계산했을 때 반올림하면 1189mm이다.

이렇게 하여 A0는 복잡한 숫자 1189mm×841mm로 그 크기가 결정될 수밖에 없는 운명을 지니게 된 것이다. 참고로 A4 용지의 크기는 297mm×210mm이다.

융합 정오각형 속의 황금비

"여자가 결혼하기에 가장 좋은 나이는 28살이다."

　수학자 피타고라스Pythagoras의 말이다. 피타고라스는 왜 여성의 결혼 적령기로 숫자 28을 언급했을까? 그것은 그가 숫자 28을 특별하게 생각했기 때문이다. 28의 약수 1, 2, 4, 7, 14를 몽땅 더하면 자기 자신 28(1+2+4+7+14=28)과 같기 때문에 28은 '완전수perfect number'이고, 따라서 젊은 남녀는 28살에 결혼하는 것이 가장 알맞다는 것이다. 이처럼 피타고라스는 "만물의 근원은 수數"라고 말하면서 세상의 모든 일을 수와 관련짓기를 좋아했다.

다음 그림도 마찬가지이다. 평범한 사람들과 달리 피타고라스는 정오각형 속의 별을 보고 별의 짧은 변 AB와 긴 변 BC의 길이의 비가 5 : 8이라는 것을, 그리고 만약 짧은 변을 1로 보면 긴 변은 1.6, 즉 5 : 8 = 1 : 1.6이 된다는 것을 발견하였다. 이를 '황금비'라고 한다.

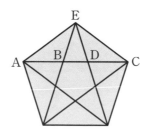

이렇게 피타고라스가 발견한 황금비 5 : 8은 이후 그리스의 수학자이자 기하학의 대부인 유클리드Euclid에 의해 이론적으로 구체화된다. 이를 자세히 살펴보자.

유클리드는 황금비를 다음 그림과 같이 (전체 선분) : (긴 선분) = (긴 선분) : (짧은 선분), 즉 $(x+1) : x = x : 1$을 만족하는 것이라 정의했다.

이 같은 비를 만족하는 x는 얼마일까? 비례식에서 내항의 곱과 외항의 곱은 항상 같으므로 $x^2 = x+1$, $x^2 - x - 1 = 0$이다. 이차방정식을 풀면 $x=\dfrac{1\pm\sqrt{5}}{2}$이다. 그런데 $x>0$이므로 $x=\dfrac{1+\sqrt{5}}{2}$이다. 이것으로 $(x+1):x=x:1$을 만족하는 x는 $x=\dfrac{1+\sqrt{5}}{2}$임을 알 수 있다. 따라서 정확한 황금비는 $1:\dfrac{1+\sqrt{5}}{2}$로 피타고라스가 발견한 $5:8$과는 약간의 차이가 있다. 하지만 $1:\dfrac{1+\sqrt{5}}{2}$는 약 $1:1.618$로 $5:8$에 아주 가까운 값이긴 하다.

자, 그렇다면 우리는 이와 같은 황금 비율을 어디서 찾아볼 수 있을까? 그리스의 파르테논 Parthenon 신전이나 〈밀로의 비너스 상 Venus of Milo〉 그리고 레오나르도 다빈치 Leonardo da Vinci의 〈모나리자 Mona Lisa〉에서도 황금비를 발견할 수 있다고 한다. 이쯤에서 궁금증이 생긴다. 이 같은 작품들이 의도적으로 황금비를 고려하여 만들어진 것일지에 대해서다. 아마도 그렇지는 않았을 것이다.

파르테논 신전의 경우, 유클리드가 태어나기 훨씬 전에 건축되었으니 정확한 황금비 $1 : \dfrac{1+\sqrt{5}}{2}$ 를 따져가며 만들지는 않았으리라. 다만 당시 건축가들이 보기에도 5：8에 가까운 비가 가장 아름답고 조화로웠기 때문에 5：8이라는 비례미를 살려 건축물을 만들었던 것이 아니었을까? 5：8의 황금비를 가진 파르테논 신전이 유네스코 문화유산 제1호로 지정되어 있다는 사실만 봐도 황금비가 균형과 조화의 아름다움을 만들어내는 일등공신이라는 것은 분명해 보인다.

어쨌거나 황금비 $1 : \dfrac{1+\sqrt{5}}{2}$ 가 균형과 조화를 만들어내는 이상적인 비율이라는 것, 또 동아시아의 금강비이든 황금비이든 모두 무리수가 사용된다는 점을 꼭 기억해 두자.

융합 이차방정식 문제

$1+2+3+\cdots+n$을 계산해 보자. 어렵게 느껴지는가? 그렇다면 $1+2+3+4+5+6$은 어떤가? 아주 간단하게 계산할 수 있을 것이다. 하지만 이 둘은 가우스의 계산법을 사용한다면 문제 풀이의 난이도가 크게 다르지 않다.

1학년 과정에서 이미 배운 바 있는 가우스의 계산법을 다시 떠올려 보자. 처음 수와 마지막 수, 두 번째 수와 마지막 바로 앞의 수……. 이런 식으로 둘씩 짝짓는다. 이때 둘씩 짝지은 것들의 합은 마지막 수 n보다

1이 큰 수인 $n+1$이고, 그것들의 개수는 (마지막 수)÷2, 즉 $\frac{n}{2}$개다. 따라서 $1+2+3+\cdots+n=(n+1)\times\frac{n}{2}=\frac{n(n+1)}{2}$이다.

이렇게 일반화시켜서 얻어낸 공식으로 다음과 같은 이차방정식 문제를 간단히 풀 수 있다. $1+2+3+\cdots+n=55$일 때 n은 얼마일까?

$$\frac{n(n+1)}{2}=55$$

$$n(n+1)=110$$

$$n^2+n-110=0$$

$$(n+11)(n-10)=0$$

$$n=-11 \ \text{또는} \ n=10$$

이때 n은 자연수이므로 $n=10$, 즉 10번째까지의 합이 55인 것이다.

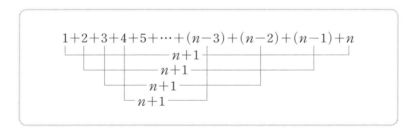

트램펄린에도 **이차방정식이 있다**

신나는 놀이기구 트램펄린을 떠올려 보자. 스프링이 달려 있는 매트 위에서 반동을 이용하여 높이 점프할 수 있지만 아무리 높이 뛰어올라도 결국 떨어지고 마는 트램펄린 말이다. 물로켓이나 분수, 높이 차올린 축구공 등은 모두 트램펄린처럼 높이 솟아올라도 결국 떨어질 수밖에 없다는 공통점을 가진다.

이들이 어김없이 바닥으로 떨어질 수밖에 없는 이유는 무엇일까? 그것은 만물 사이에 '만유인력', 즉 서로 끌어당기는 힘이 작용하고 있기 때문이다. 만유인력을 발견한 뉴턴Isaac Newton에 따르면 사과나무의 농익은

사과와 땅, 너와 나, 책상 위 연필과 지우개, 휴대전화와 인형 사이에도 만유인력이 작용하고 있다. 다만 끌어당기는 힘의 크기가 아주 작아 서로 달라붙거나 가까워지지 않을 수 있고, 그 힘을 자각하지 않을 수 있는 것이다.

놀이기구 트램펄린을 다시 떠올려 보자.

아이가 매트 위에서 훌쩍 뛰어올라도 한없이 상승하는 것이 아니라 어느 시점에서는 더 이상 상승하지 못하고 바닥으로 떨어지고 만다. 이렇게 바닥으로 떨어질 수밖에 없는 것, 이것을 만유인력이라고 했다. 높이 상승할수록 바닥이 아이를 끌어당기는 힘이 점점 강해지고 결국 떨어질 수밖에 없어지는 것이다.

여기서 시간이 지남에 따라 아이의 높이(위치)가 달라진다는 것을 염두에 두고, 시간과 높이 사이의 관계를 따져 보자. 잘 관찰해 보면 그 둘, 시간과 높이 사이에는 일정한 규칙이 발견된다. 이 규칙을 수학적으로 나타내면 $h=-4.9t^2+6.3t$(단, h는 높이, t는 시간)이다. 이 식을 이용하면 아이가 점프한 지 1초가 지났을 때의 높이나, 몇 초 후에 바닥에 떨어질지, 그리고 몇 초 후에 가장 높이 상승할 수 있을지 등등을 모두 쉽게 알아낼 수 있다. 순서대로 계산해 보자.

첫째, 1초쯤 지났을 때 아이의 높이는 $t=1$일 때의 높이 h이다.

$$h=-4.9t^2+6.3t=-4.9\times1^2+6.3\times1=1.4$$

둘째, 몇 초 후에 바닥에 떨어질까? 바닥에 떨어진다는 것은 높이 h가 0이 되는 것을 의미한다.

$$0 = -4.9t^2 + 6.3t$$

이를 풀면 $t = 0$ 또는 $t = \dfrac{9}{7}$이므로 아이가 뛰었다 바닥에 떨어질 때까지 걸리는 시간은 $\dfrac{9}{7}$초임을 알 수 있다.

마지막 문제, 아이가 몇 초 후에 가장 높이 상승할 것인지에 대한 답은 이차함수를 배운 뒤 우리 친구들이 직접 찾아보기를 권한다.

 ## 교과 이차방정식의 근은 2개이다. 참일까, 거짓일까?

선생님께서 말씀하셨다.

"일차방정식의 근은 오로지 1개란다."

그러자 한 학생이 의문을 가졌다.

"$0x = 0$을 만족시키는 x는 무수히 많고, $0x = 1$을 만족시키는 x는 하나도 없기 때문에 일차방정식의 근은 무수히 많을 수도 있고, 아예 없을 수도 있지 않나요?"

참 좋은 질문이지만 옳은 의견은 아니다. $0x = 0$과 $0x = 1$은 무늬만 일차방정식이지 실제로는 일차방정식이 아니기 때문이다. 일차방정식이라 하면 (일차식)=0의 꼴이어야 하고, 이차방정식이라 하면 (이차식)=0의 꼴이어야 한다. 그런데 $0x=0$과 $0x=1$에서 좌변 $0x$는 일차식이라고 할수 있는가? 일차식은 차수가 1인 다항식을 의미하는데, 좌변 $0x$는 $0 \times x$와 같고, $0 \times x=0$이므로 $0x$의 차수는 1차가 아닌 0차라고 봐야 한다. 따라서 $0x=0$과 $0x=1$은 일차방정식이 아니다.

그렇다. 일반적으로 일차방정식의 근은 1개이다. 자, 그렇다면 이차방정식의 근은 몇 개일까? 일차방정식의 근이 1개였으니 이차방정식의 근은 2개인 것일까? 반드시 그렇지는 않다. 실수 범위 내에서 이차방정식을 풀면 어떤 이차방정식은 근의 개수가 2개이고, 어떤 것은 1개이며, 어떤 것은 근이 아예 없는 경우도 있다. 각각의 예를 들어 보자.

첫째, 근의 개수가 2개인 이차방정식이다. 풀어 보면 근이 2개이다.

$$x^2-4x+3=0$$
$$(x-1)(x-3)=0$$
$$x=1 \text{ 또는 } x=3$$

둘째, 근의 개수가 1개인 이차방정식이다. 풀어 보면 2개의 해가 서로 같다는 것을 알 수 있다.

$$x^2-6x+9=0$$
$$(x-3)^2=0$$
$$x=3 \text{ 또는 } x=3$$

이처럼 해가 중복되어 있을 때 이 해를 주어진 이차방정식의 '중근'이라고 부른다. 중근일 때는 1개의 근만 써주고 대신 '중근'이라는 이름을 뒤에 붙여 주기로 하자. $x=3$(중근)처럼 말이다. 이처럼 중근일 경우 근의 개수가 한 개인 것처럼 보이지만 사실은 2개라는 것, 다만 서로 다른 두 근이 아닌 서로 같은 두 근이라는 것! 꼭 이해해 두자.

마지막으로 어떤 이차방정식이 (완전제곱식)=0, 즉 $(x-p)^2=0$의 꼴이면 중근 $x=p$를 갖는다는 것도 알아두도록 하자.

셋째, 근이 하나도 없는 이차방정식이다. 풀어 보면 근호 안의 수가 음수이다. 중학교 수학에서는 근호 안의 수가 음수인 경우를 다루지 않는다. 따라서 이차방정식 $x^2-3x+4=0$의 근은 없다.

$$x^2-3x+4=0$$

근의 공식 $x=\dfrac{-b\pm\sqrt{b^2-4ac}}{2a}$에 대입하면

$$x=\dfrac{3\pm\sqrt{(-3)^2-4\times1\times4}}{2}$$

$$=\dfrac{3\pm\sqrt{-7}}{2}$$

이와 같이 이차방정식을 풀어 보면 어떤 것은 근의 개수가 2개인가 하면, 어떤 것은 근이 1개인 것도 있고, 또 근이 아예 없는 경우도 있다. 하지만 이러한 분류는 중학교 수학에서만 성립한다. 왜냐하면 중복된 근을

1개로 보는 것도, 또 근호 안의 수가 음수일 때를 고려하지 않는 것도 모두 중학교 수학에 한정된 약속이기 때문이다.

 교과 이차방정식을 풀기도 전에 미리 근의 개수를 점칠 수 있다고?

흔히 알 수 없는 미래를 알고 싶을 때 점을 보는 사람들이 있다. 그런데 수학으로도 미래를 내다볼 수가 있다고 한다. 말도 안 되는 이야기라고? 허무맹랑한 이야기가 아니다. 주식 시세의 동향이나 날씨예보, 미래의 경제성장률 등 우리 주변의 다양한 미래를 예측하는 데 수학이 사용되고 있다. 그리고 수학을 사용하는 미래 예측은 점성술보다 확률적으로 훨씬 정확하다.

우선 수학을 이용하면 이차방정식의 근의 개수를 쉽게 예상해 볼 수 있다. 이차방정식을 풀기도 전에 말이다! 어떻게 그것이 가능할까? 우선 근의 공식을 떠올려 보자. 이차방정식 $ax^2 + bx + c = 0 (a \neq 0)$이 있으면 다음과 같은 근의 공식을 통해 쉽게 이차방정식의 근을 구할 수가 있다. 이차방정식 $ax^2 + bx + c = 0 (a \neq 0)$의 근은 $x = \dfrac{-b \pm \sqrt{b^2 - 4ac}}{2a}$이다. 이때 근호 안의 수 $b^2 - 4ac$를 주목하면 쉽게 근의 개수를 예상해 볼 수 있다.

$b^2-4ac>0$이면 서로 다른 2개의 근 $x=\dfrac{-b\pm\sqrt{b^2-4ac}}{2a}$를 갖게 되므로 근은 2개이다.

$b^2-4ac=0$이면 $x=-\dfrac{b}{2a}$라는 서로 같은 중근을 갖기 때문에 근은 1개이다.

$b^2-4ac<0$이면 근은 없다. 제곱해서 음수가 되는 실수는 없기 때문이다.

여기서 근의 개수를 결정하는 $D=b^2-4ac$(D : discriminant)를 '판별식'이라고 부른다. 즉 $D>0$이면 2개의 서로 다른 실근, $D=0$이면 중근, $D<0$이면 근은 없다. 다만 고등학교 과정에서는 $D<0$인 경우에도 근으로 인정하게 되는데 이 때의 근은 실근(근이 실수)이 아니므로 허근(근이 허수)이라고 한다.

교과 근과 계수의 관계

앞서 우리는 이차방정식을 풀지 않고도 근의 개수를 쉽게 알아낼 수 있었다. 그런데 근의 개수 말고도 이차방정식의 풀이 없이 얻어낼 수 있는 정보들이 있다. 바로 이차방정식의 두 근의 합과 곱이 그것이다. 다음의 이차방정식 $x^2-4x+3=0$을 예로 들어 이차방정식의 해를 구하지 않고도 두 근의 합과 두 근의 곱을 구하는 방법을 알아보도록 하자.

이차방정식의 해를 먼저 구하고, 그 해들의 합과 곱을 구한다면 다음과 같다.

$$x^2-4x+3=0$$
$$(x-3)(x-1)=0$$
$$x=3 \text{ 또는 } x=1$$

이때 이차방정식의 두 근을 α, β라고 할 때 두 근의 합 $\alpha+\beta=3+1=4$, 두 근의 곱 $\alpha\beta=3\times1=3$이다.

하지만 앞서 말했듯 우리는 이차방정식의 근을 구하지 않고도 두 근의 합과 곱을 구할 수 있다. 이차방정식 $ax^2+bx+c=0(a\neq0)$의 두 근은 $x=\dfrac{-b\pm\sqrt{b^2-4ac}}{2a}$로 한 근은 $\dfrac{-b+\sqrt{b^2-4ac}}{2a}$이고, 다른 한 근은 $\dfrac{-b-\sqrt{b^2-4ac}}{2a}$이다.

이때 두 근의 합은 $\dfrac{-b+\sqrt{b^2-4ac}}{2a}+\dfrac{-b-\sqrt{b^2-4ac}}{2a}=\dfrac{-2b}{2a}=-\dfrac{b}{a}$

이고, 두 근의 곱은 $\left(\dfrac{-b+\sqrt{b^2-4ac}}{2a}\right)\times\left(\dfrac{-b-\sqrt{b^2-4ac}}{2a}\right)=$

$\dfrac{b^2-(b^2-4ac)}{4a^2}=\dfrac{b^2-b^2+4ac}{4a^2}=\dfrac{4ac}{4a^2}=\dfrac{c}{a}$이다.

따라서 다음과 같은 식을 통해 이차방정식의 해를 직접 계산하지 않고도 두 근의 합과 곱을 구할 수 있다.

이차방정식 $ax^2+bx+c=0(a\neq0)$의 두 근을 α, β라고 할 때

두 근의 합 $\alpha+\beta=-\dfrac{b}{a}$

두 근의 곱 $\alpha\beta=\dfrac{c}{a}$

두 근이 무엇인지 전혀 알지 못해도 계수 a,b,c를 이용하여 이차방정식의 두 근의 합과 곱을 구할 있다는 것이다. 예를 들어 보자.

이차방정식 $x^2-4x+3=0$에서 $a=1$, $b=-4$, $c=3$이므로 두 근의 합 $\alpha+\beta=-\dfrac{b}{a}=-\dfrac{-4}{1}=4$이고, 두 근의 곱 $\alpha\beta=\dfrac{c}{a}=\dfrac{3}{1}=3$이다. 또 이차방정식 $x^2-5x-2=0$의 두 근의 합은 $-\dfrac{-5}{1}=5$이고, 두 근의 곱은 $\dfrac{-2}{1}=-2$이다. 굳이 두 근을 구하지 않고도 두 근의 합과 곱을 구할 수 있다니 점쟁이가 된 기분이다!

만약 우리가 구한 답이 정말 두 근의 합과 곱이 맞는지 의심이 든다면 이차방정식의 근을 실제로 구해 직접 두 근의 합과 곱을 구해 보는 것도 좋겠다. 이차방정식 $x^2-5x-2=0$의 근을 근의 공식을 이용하여 구하면 다음과 같다.

$$x^2-5x-2=0$$
$$x=\frac{-(-5)\pm\sqrt{(-5)^2-4\times1\times(-2)}}{2\times1}$$

$$= \frac{5 \pm \sqrt{33}}{2}$$

$$\therefore x = \frac{5 + \sqrt{33}}{2} \ \text{또는} \ x = \frac{5 - \sqrt{33}}{2}$$

두 근의 합 $\alpha + \beta = \dfrac{5 + \sqrt{33}}{2} + \dfrac{5 - \sqrt{33}}{2} = \dfrac{5}{2} + \dfrac{5}{2} = \dfrac{10}{2} = 5$

두 근의 곱 $\alpha\beta = \dfrac{5 + \sqrt{33}}{2} \times \dfrac{5 - \sqrt{33}}{2}$

$$= \frac{5^2 - (\sqrt{33})^2}{4}$$

$$= \frac{25 - 33}{4} = \frac{-8}{4} = -2$$

이차방정식 $x^2 - 5x - 2 = 0$의 두 근을 직접 구해 합하고 곱하여도 위에서 구한 두 근의 합 $-\dfrac{-5}{1} = 5$, 두 근의 곱 $\dfrac{-2}{1} = -2$와 같다. 그러니 이제부터 이차방정식의 두 근의 합과 곱을 구할 때는 굳이 두 근을 먼저 찾는다고 사서 고생하지 말자. 두 근의 합 $\alpha + \beta = -\dfrac{b}{a}$로, 두 근의 곱 $\alpha\beta = \dfrac{c}{a}$로 간단히 구할 수 있으니 말이다!

이차함수

이차함수의 최댓값과 최솟값은?

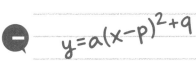

$y=a(x-p)^2+q$

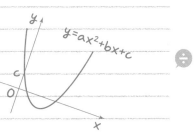

이차함수

교과 **이차함수란 무엇일까?**

함수란 무엇일까? 함수란 간단히 말해 하나가 변하면 다른 하나도 함
께 변하는 '둘의 관계'를 의미한다. 이때 둘의 관계식이 일차식이면 일차
함수가 되고, 둘의 관계식이 이차식이면 이차함수가 된다.

자, 다음 그림을 보자.

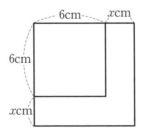

한 변의 길이가 6cm인 정사각형을 가로, 세로 똑같이 $x$cm씩 늘려 보았다. 여기서 늘어난 길이 x와 새로 만들어진 정사각형의 넓이 y, 둘 사이의 관계를 따져 보자.

새로 만들어진 정사각형의 한 변의 길이가 $(x+6)$cm이므로 그 정사각형의 넓이 y는 $y=(x+6)^2$, 즉 $y=x^2+12x+36$이다.

여기서 $y=x^2+12x+36$을 주목하자. 2학년 과정에서 배웠듯이 다항식 $x^2+12x+36$은 x에 관한 차수가 2이므로 이차식이다. 따라서 y는 x에 관한 이차식이다. 또 x의 값이 변하면 y의 값도 따라서 변하므로 y는 x의 함수이다. 여기서 스스로 변하는 x를 '독립변수', 노예(종)처럼 x의 값에 따라서 변하는 y를 '종속변수'라고 한다. 일반적으로 함수 $y=f(x)$에서 y가 x에 관한 이차식 $y=ax^2+bx+c(a,\ b,\ c$는 상수, $a\neq0)$로 나타내어질 때, 이 함수를 x에 관한 '이차함수'라고 한다.

참고로 함수 $y=f(x)$에서 y가 x에 관한 일차식 $y=ax+b(a,\ b$는 상수, $a\neq0)$로 나타내어질 경우, 이 함수는 x에 관한 '일차함수'가 된다.

일차함수와 이차함수를 제대로 구분해 보자.

- 반지름의 길이가 $x$cm인 원의 넓이를 $y$cm^{2}라고 할 때 $y=\pi x^2$은 이차함수이다.
- 가로의 길이가 $x$cm, 세로의 길이가 $(x+3)$cm인 직사각형의 넓이를 $y$cm^{2}라고 할 때 $y=x(x+3)=x^2+3x$는 이차함수이다.

- 시속 4km로 x시간 동안 걸어간 거리를 $y$km라 할 때, $y=4x$는 일차함수이다.
- 1분당 2문항씩 x분 동안 푼 문항 수를 y문항이라 할 때, $y=2x$는 일차함수이다.

 ## 이차함수 그래프와 포물선

일차함수 $y=ax+b$(a, b는 상수, $a\neq0$)의 그래프는 반듯한 직선이다. 하지만 이차함수 $y=ax^2+bx+c$(a, b, c는 상수, $a\neq0$)의 그래프는 다음 그림과 같이 부드러운 곡선으로 포물선이다.

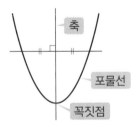

양궁 선수가 쏜 화살이 날아가는 모양을 관찰해 본 적이 있는가? TV로 경기를 시청하면 정말 빠른 속도로 날아가서 화살이 직선으로 날아갈 것이라고 생각하지만 슬로모션을 통해 느린 화면으로 보면 화살은 직

선으로 날아가는 것이 아니라 약간 휘어져 날아간다. 이때 화살이 날아가는 모양, 반원 모양의 곡선을 '포물선'이라고 한다. 골키퍼가 차올린 축구공이나 물로켓, 분수대의 물줄기 등도 그 궤적이 반원 모양을 그리는 포물선의 좋은 예이다.

포물선은 선대칭 도형(여기서 '선대칭'이라 하면 어떤 직선으로 접어서 완전히 겹쳐지는 것을 말한다)으로 대칭축이 있는데, 그 대칭축의 이름은 '포물선의 축'이라 하고, 포물선과 축의 교점은 '포물선의 꼭짓점'이라고 한다. 어쨌거나 모든 이차함수의 그래프는 포물선을 그린다. 때문에 포물선은 이차함수 그래프의 얼굴인 셈이다.

자! 이차함수 $y=x^2$과 $y=-x^2$의 그래프를 통해 포물선과 친해져 보도록 하자.

$y=x^2$의 그래프	$y=-x^2$의 그래프
아래로 볼록한 포물선이다.	위로 볼록한 포물선이다.
꼭짓점의 좌표는 원점 $(0, 0)$이다.	꼭짓점의 좌표는 원점 $(0, 0)$이다.
y축에 대하여 대칭이다.	y축에 대하여 대칭이다.
축의 방정식은 $x=0$이다.	축의 방정식은 $x=0$이다.
$x>0$일 때, x의 값이 증가하면 y의 값도 증가한다. $x<0$일 때, x의 값이 증가하면 y의 값은 감소한다.	$x>0$일 때, x의 값이 증가하면 y의 값은 감소한다. $x<0$일 때, x의 값이 증가하면 y의 값도 증가한다.
$y=-x^2$의 그래프와 x축에 대하여 서로 대칭이다.	$y=-x^2$의 그래프와 x축에 대하여 서로 대칭이다.

위 표에서처럼 이차함수의 그래프는 계속해서 증가하거나 감소하는 것이 아니라 축을 기준으로 증가와 감소, 감소와 증가의 형태를 취한다는 것을 잊지 말자.

이차함수 그래프는 어떻게 그리는 거야?

우리는 변화를 한눈에 알아보기 위해 그래프를 그린다. 따라서 함수는 그것의 차수와 무관하게 변화를 나타내는 순서쌍을 좌표평면 위에 나타내기만 하면 된다. 다만 이차함수의 그래프는 일차함수의 그래프보다 그리기 힘들다는 차이점이 있다. 서로 다른 두 점을 연결하는 직선은 오직 하나뿐이라는 직선의 결정조건 덕분에 직선의 형태를 하고 있는 일차함수의 그래프는 2개의 순서쌍만 있어도 제대로 된 일차함수 그래프를 그릴 수 있다.

하지만 이차함수의 그래프는 포물선의 형태를 취하기 때문에 2개의 순서쌍만으로는 그래프를 그려낼 수가 없다. 제대로 된 포물선을 그리기 위해서는 여러 쌍 아니 무한의 순서쌍이 필요하다. 때문에 우리는 컴퓨터를 이용해서만 이차함수의 곡선 그래프를 완벽하게 그려낼 수 있다.

그러나 여기서는 어설프더라도 상상력을 동원하여 직접 손으로 이차함수의 그래프를 그려 보도록 하자. 일차함수의 그래프만큼 쉽지는 않더라도 여러 순서쌍과 상상력을 동원하면 다음과 같이 포물선의 윤곽을 대강은 잡아낼 수 있다.

첫째, 이차함수 $y=x^2$의 그래프를 순서쌍을 이용하여 그릴 수 있다.

x	$\cdots$	-3	-2	-1	0	1	2	3	$\cdots$
y	$\cdots$	9	4	1	0	1	4	9	$\cdots$

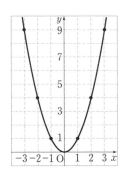

이때 상상력을 동원하여 x값의 간격을 점점 작게 하면 위의 그래프처럼 나름 매끄러운 곡선을 그릴 수 있다.

둘째, 이차함수 $y=x^2-2$, $y=(x-3)^2$, $y=(x-3)^2-2$의 그래프를 평행 이동을 이용하여 그릴 수 있다.

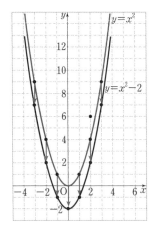

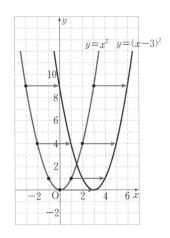

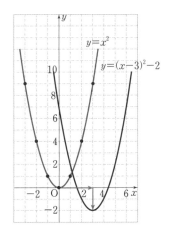

앞의 그림 중 $y = x^2 - 2$의 그래프는 $y = x^2$의 그래프를 y축의 방향으로 -2만큼 평행 이동한 것이고, $y = (x-3)^2$의 그래프는 $y = x^2$의 그래프를 x축의 방향으로 3만큼 평행 이동한 것이며, 또 $y = (x-3)^2 - 2$의 그래프는 $y = x^2$의 그래프를 x축의 방향으로 3만큼, y축의 방향으로 -2만큼 평행 이동한 것이다.

셋째, 꼭짓점 좌표와 축의 방정식, 절편, 이차항의 계수 a의 값 등을 이용하여 이차함수 그래프를 그릴 수 있다. $y = (x-1)^2 - 2$의 그래프의 꼭짓점의 좌표는 $(1, -2)$이고, 축의 방정식은 $x = 1$, 또 $a > 0$이고, 절편은 $x = 0$일 때의 y의 값은 $y = -1$이므로 그래프는 다음과 같다.

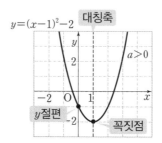

이와 같이 이차함수 그래프를 그리는 방법은 다양하다. 하지만 이 중에서 가장 쉽고 다양하게 활용되는 것이 세 번째 방법이다. 꼭짓점 좌표와 축의 방정식, 절편, x^2의 계수 a의 값 등을 이용하면 어떠한 이차함수든지간에 손쉽게 그래프를 그릴 수 있으니 꼭 기억해 두도록 하자.

교과 이차함수와 $y=ax^2$의 그래프

$y=x^2$과 $y=-x^2$의 그래프를 보면 알 수 있듯이 $y=ax^2(a\neq0)$의 그래프는 x^2의 계수인 a에 의해 그래프의 모양이 결정된다. 즉 $a>0$이면 아래로 볼록하고, $a<0$이면 위로 볼록한 그래프가 된다.

또 $|a|$의 값에 따라 그래프의 폭이 달라지는데 a의 절댓값이 클수록 그래프는 급하게 변하면서 폭이 좁아지고, a의 절댓값이 작을수록 그래프는 펑퍼짐해지면서 폭이 넓어진다.

일반적으로 이차함수 $y=ax^2$의 그래프는 다음과 같은 성질이 있다.

1. 원점을 꼭짓점으로 하고, y축을 축으로 하는 포물선이다.

    즉 꼭짓점 좌표 $(0, 0)$, 축의 방정식 $x=0$

2. $a>0$이면 아래로 볼록하고, $a<0$이면 위로 볼록하다.

3. a의 절댓값이 클수록 그래프의 폭이 좁아진다.

4. $y=-ax^2 (a \neq 0)$의 그래프와 x축에 서로 대칭이다.

    즉 $y=ax^2$과 $y=-ax^2$은 x축에 서로 대칭이다.

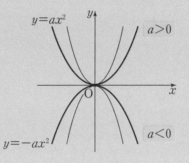

교과 이차함수 $y=ax^2+q$의 그래프

$y=ax^2+q$의 그래프는 $y=ax^2$의 그래프를 y축 방향으로 q만큼 평행이동한 그래프로 꼭짓점의 좌표는 $(0, q)$이고, 대칭축은 y축이다. 이것을 직선의 방정식으로 나타내면 $x=0$이다.

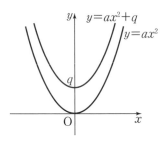

예를 들어 $y=-2x^2+3$의 그래프는 $y=-2x^2$의 그래프를 y축의 방향으로 3만큼 평행 이동한 것으로 꼭짓점의 좌표는 $(0, 3)$이고, 대칭축은 y축으로 축의 방정식은 $x=0$이다.

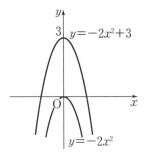

이차함수 $y=ax^2+q$의 그래프를 정리해 보자. $y=ax^2+q$의 그래프는 $y=ax^2$의 그래프를 y축 방향으로 q만큼 평행 이동한 것으로 꼭짓점의 좌표가 $(0, q)$이고, q에 따라 그래프의 위치가 달라진다. 따라서 축의 방정식은 $x=0$으로 변함이 없다.

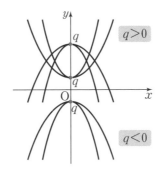

일반적으로 이차함수 $y=ax^2+q$의 그래프는 다음과 같은 성질을 갖는다.

1. 이차함수 $y=ax^2$의 그래프를 y축의 방향으로 q만큼 평행 이동한 것이다.

2. 점 $(0, q)$를 꼭짓점으로 하고, y축을 축으로 하는 포물선이다.

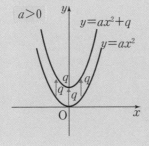

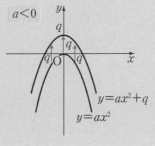

이차함수 $y=a(x-p)^2$의 그래프

$y=a(x-p)^2$의 그래프는 $y=ax^2$의 그래프를 x축의 방향으로 p만큼 평행 이동한 것으로 꼭짓점의 좌표는 $(p,\,0)$이고, 축의 방정식은 $x=p$ 이다.

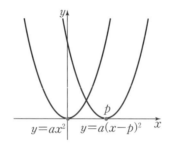

예를 들어 다음 그림을 보자.

$y=(x-3)^2$의 그래프는 $y=x^2$의 그래프를 x축의 방향으로 3만큼 평행 이동한 것으로 직선 $x=3$을 축으로 하고, 점 $(3,\,0)$을 꼭짓점으로 하는 아래로 볼록한 포물선이다.

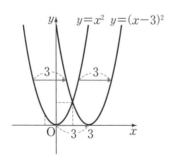

$y=a(x-p)^2$의 그래프는 다음과 같은 법칙을 갖는다.

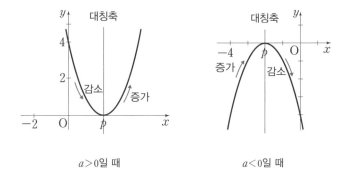

a>0일 때   a<0일 때

- $a>0$이면 대칭축 $x=p$에 대하여

  $x<p$일 때, x의 값이 증가하면 y의 값을 감소한다.

  $x>p$일 때, x의 값이 증가하면 y의 값도 증가한다.

- $a<0$이면 대칭축 $x=p$에 대하여

  $x<p$일 때, x의 값이 증가하면 y의 값도 증가한다.

  $x>p$일 때, x의 값이 증가하면 y의 값은 감소한다.

일반적으로 이차함수 $y=a(x-p)^2$의 그래프는 다음과 같은 성질이 있다.

1. 이차함수 $y=ax^2$의 그래프를 x축의 방향으로 p만큼 평행 이동 한 것이다.
2. 점 $(p, 0)$를 꼭짓점으로 하고, $x=p$를 축으로 하는 포물선이다.

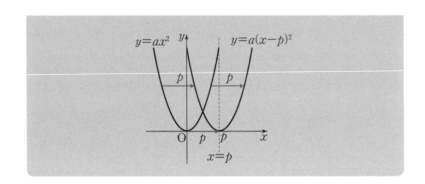

![교과] **이차함수 $y=a(x-p)^2+q$(표준형)의 그래프**

이차함수 $y=a(x-p)^2+q(a\neq0)$의 그래프는 $y=ax^2$의 그래프를 x축의 방향으로 p만큼, y축의 방향으로 q만큼 평행 이동한 것으로 꼭짓점의 좌표는 (p, q)이고, 대칭축은 $x=p$이다.

예를 들어 보자. $y=(x-2)^2+1$의 그래프는 $y=x^2$의 그래프를 x축의 방향으로 2만큼, y축의 방향으로 1만큼 평행 이동한 것으로 꼭짓점 좌표는 $(2, 1)$, 축의 방정식은 $x=2$이며 그래프는 다음과 같다.

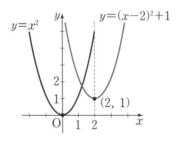

또 $y=-2(x+3)^2+2$의 그래프는 $y=-2x^2$의 그래프를 x축 방향으로 -3만큼, y축의 방향으로 2만큼 평행 이동한 것으로 꼭짓점 좌표는 $(-3, 2)$, 축의 방정식은 $x=-3$이며 그래프는 다음과 같다.

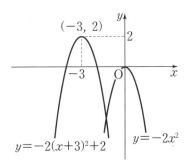

일반적으로 이차함수 $y=a(x-p)^2+q$의 그래프는 다음과 같은 성질이 있다.

1. $y=ax^2$의 그래프를 x축의 방향으로 p만큼, y축의 방향으로 q만큼 평행이동한 것이다.

2. 점 (p, q)를 꼭짓점으로 하고, 직선 $x=p$를 축으로 하는 포물선이다.

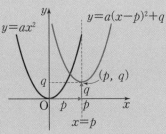

정리하면 $y=ax^2$의 그래프를 x축의 방향으로 p만큼 평행 이동한 것은 $y=a(x-p)^2$이고, y축의 방향으로 q만큼 평행 이동한 것은 $y=ax^2+q$ 이며, x축의 방향으로 p만큼, y축의 방향으로 q만큼 평행 이동한 것은 $y=a(x-p)^2+q$이다.

그런데 이것들, 즉 이차항의 계수가 a인 $y=ax^2$, $y=a(x-p)^2$, $y=ax^2+q$, $y=a(x-p)^2+q$의 그래프 모두는 모양이 같다. 따라서 적절하게 평행 이동하게 되면 서로 완전히 포개어진다. 우리는 이 사실로부터 이차항의 계수 a가 그래프 모양을 결정한다는 것을 알 수 있다.

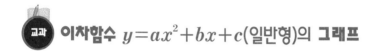

교과 이차함수 $y=ax^2+bx+c$(일반형)의 그래프

이차함수가 $y=ax^2$, $y=a(x-p)^2$, $y=ax+q$, $y=a(x-p)^2+q$와 같은 꼴만 있는 것은 아니다. $y=ax^2+bx+c(a \neq 0)$처럼 생소해 보이는 이차함수도 있다. 이런 특이한 꼴의 이차함수의 그래프는 어떻게 그릴까? 예를 들어 $y=2x^2-4x+4$와 같은 그래프 말이다. 방법은 다음과 같이 다양하다.

첫째, 여러 쌍의 순서쌍을 이용하여 그릴 수 있다.

x	$\cdots$	-1	0	1	2	3	$\cdots$
y	$\cdots$	10	4	2	4	10	$\cdots$

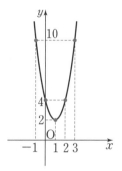

둘째, 이차함수 관계식 $y=2x^2-4x+4$를 $y=a(x-p)^2+q$의 꼴로 고쳐서 그릴 수 있다.

$$y=2x^2-4x+4$$
$$=2(x^2-2x+2)$$
$$=2(x^2-2x+1+1)$$
$$=2(x-1)^2+2$$

따라서 $y=2(x-1)^2+2$의 그래프를 그리면 $y=2x^2-4x+4$의 그래프를 그린 것이 된다. 이때 $y=2(x-1)^2+2$의 그래프는 $y=2x^2$의 그래프를 x축의 방향으로 1만큼, y축의 방향으로 2만큼 평행 이동하여 그릴 수 있으므로 다음과 같다.

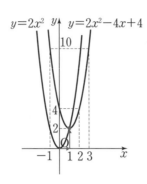

셋째, 다음 그림처럼 $x=1$을 축으로 삼고, 꼭짓점 좌표 $(1, 2)$와 y절편 $(0, 4)$를 찍어 아래로 볼록한 대강의 그래프를 그릴 수도 있다.

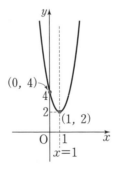

일반적으로 이차함수 $y=ax^2+bx+c$의 그래프는 다음과 같은 성질이 있다.

1. $y=a(x-p)^2+q$의 꼴로 고쳐서 그린 것과 같다.

2. y절편 $(0, c)$를 지난다.

3. $a>0$이면 아래로 볼록하고, $a<0$이면 위로 볼록하다.

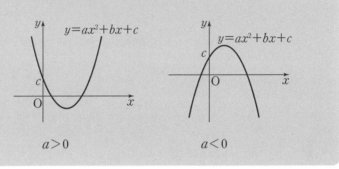

$a>0$ $a<0$

참고로 이차함수 $y=a(x-p)^2+q$의 꼴을 '표준형'이라 부르고, $y=ax^2+bx+c$의 꼴을 '일반형'이라 부른다.

 교과 이차함수 일반형을 표준형으로 고쳐 봐

이차함수 일반형 $y=ax^2+bx+c$를 표준형 $y=a(x-p)^2+q$의 꼴로 고쳐 보자. 좀 복잡하긴 해도 고쳐 놓고 보면 축의 방정식과 꼭짓점 좌표를 구하는 공식을 얻어낼 수 있으니 참고 도전해 보자.

$$y = ax^2 + bx + c$$

$$= a\left(x^2 + \frac{b}{a}x\right) + c \quad \text{상수항을 제외하고 } x^2\text{의 계수 } a\text{로 묶어 준다.}$$

$$= a\left\{x^2 + \frac{b}{a}x + \left(\frac{b}{2a}\right)^2 - \left(\frac{b}{2a}\right)^2\right\} + c$$

$$\left(\frac{x\text{의 계수}}{2}\right)^2 \text{을 더해 주고 다시 빼다.}$$

$$= a\left(x + \frac{b}{2a}\right)^2 - a \times \frac{b^2}{4a^2} + c$$

완전제곱식이 되는 부분만 괄호 안에 둔다.

$$= a\left(x + \frac{b}{2a}\right)^2 - \frac{b^2}{4a} + c$$

$$= a\left(x + \frac{b}{2a}\right)^2 - \frac{b^2 - 4ac}{4a}$$

$$y = (\text{완전제곱식}) + (\text{상수항})\text{의 꼴로 정리한다.}$$

책을 보지 않고도 이 과정을 따라 표준형을 구했다면 스스로를 칭찬해 주자! 어쨌거나 이차함수 일반형 $y = ax^2 + bx + c$를 표준형으로 나타내면 $y = a\left(x + \frac{b}{2a}\right)^2 - \frac{b^2 - 4ac}{4a}$이다.

여기서 이차함수의 표준형 $y = a(x - p)^2 + q$의 꼴에 주목하여 생각해 보면 $y = a(x - p)^2 + q$의 축의 방정식은 $x = p$이고, 꼭짓점 좌표는 (p, q)인 것처럼 $y = a\left(x + \frac{b}{2a}\right)^2 - \frac{b^2 - 4ac}{4a}$의 축의 방정식은 $x = -\frac{b}{2a}$이고, 꼭지점의 좌표는 $\left(-\frac{b}{2a}, -\frac{b^2 - 4ac}{4a}\right)$가 된다.

자! 여기서 꼭 알아두어야 할 팁 하나!

$y = ax^2 + bx + c$의 축의 방정식은 항상 $x = -\dfrac{b}{2a}$라는 것이다. 공식처럼 외워 두고 편리하게 써먹도록 하자.

이렇게 이차함수 $y = ax^2 + bx + c$의 그래프를 그릴 때는 표준형인 $y = a(x-p)^2 + q$의 꼴로 변형하여 꼭짓점과 축을 찾아 그릴 수도 있지만 공식을 이용하여 축의 방정식 $x = -\dfrac{b}{2a}$와 꼭짓점 좌표 $\left(-\dfrac{b}{2a}, -\dfrac{b^2-4ac}{4a}\right)$를 구해 y절편 $(0, c)$를 잡고 a의 부호에 따라 위로 볼록이냐 아래로 볼록이냐를 따져 그릴 수도 있다.

지금까지 배운 내용을 간단하게 정리해 보자.

이차함수의 $y = ax^2 + bx + c$(단, $a \neq 0$)의 그래프는

1. $y = a(x-p)^2 + q$의 꼴로 고쳐서 그래프를 그릴 수 있다.
2. $a > 0$이면 아래로 볼록, $a < 0$이면 위로 볼록한 그래프이다.
3. 직선 $x = -\dfrac{b}{2a}$를 축으로 하는 포물선이다.
4. 꼭짓점의 좌표는 $\left(-\dfrac{b}{2a}, -\dfrac{b^2-4ac}{4a}\right)$이다.

물로켓 발사, 골키퍼가 차올린 축구공, 하늘로 쏘아 올린 폭죽, 분수의 물줄기 등은 모두 시간에 따라 대상의 높이 혹은 위치가 달라진다. 그리고 이 같은 변화를 그래프로 나타내면 모두 포물선이 된다. 물로켓이나 축구공, 분수의 물줄기 모두 공통적으로 상승했다 하강하는 특징을 갖고 있기 때문이다.

하늘로 비스듬하게 던진 공을 생각해 보자. 공은 다음 그림처럼 점점 높이 솟아오르다가 더 이상 상승하지 못하고 이내 땅으로 떨어진다. 이러한 상승과 하강의 궤적 속에는 하강을 시작하는 순간인 p가 있다.

점 p는 포물선에서 가장 높은 위치에 있는 점이다. 물로켓 발사 대회에서는 점 p의 높이에 따라 순위가 결정된다. 대회에 참가하는 모든 사람들이 점 p를 주목하는 것도 바로 그 때문이다. 물론 점 p에 대한 관심은 물로켓에만 한정되어 있지 않다. 밤하늘에 쏘아 올린 폭죽이나 분수의 물줄기도 마찬가지이다. 사람들이 불꽃놀이와 분수를 감상하기 위해 발걸음을 멈추는 것도 불꽃과 물줄기가 더 이상 솟아오르지 못하고 떨어지는 바로 그 순간, 점 p를 보기 위해서다.

우리 친구들이 포물선의 이 같은 특징을 잘 이해했다면 이차함수가 그려내는 포물선도 쉽게 이해할 수 있을 것이다.

다음 그림과 같은 이차함수 $y=(x-5)^2+2$의 그래프를 보자.

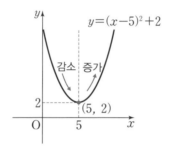

꼭짓점 좌표가 $(5,\ 2)$이고 아래로 볼록한 포물선이다. 이때 $x=5$를 기준으로 따져 보면 다음 표처럼 $x<5$일 때, y의 값은 점점 감소하다가 $x>5$일 때, y의 값은 점점 증가한다.

x	$x<5$	$x=5$	$x>5$
y	↘	2(최솟값)	↗

따라서 $y=(x-5)^2+2$의 값 중에서 가장 작은 값은 $x=5$일 때 $y=2$이다. 하지만 x의 값이 한없이 커지거나 작아질 때 y의 값은 한없이 커지므로 가장 큰 y의 값은 없다. 따라서 $y=(x-5)^2+2$의 값 중에서 가

장 작은 값은 $x=5$일 때 $y=2$이고, 가장 큰 값은 없다.

또 이차함수 $y=-(x-4)^2+7$의 그래프에서 $x=4$를 기준으로 따져 보면 다음 표처럼 $x<4$일 때 y의 값은 증가하다가 $x>4$일 때 y의 값은 감소한다. 따라서 $y=-(x-4)^2+7$의 값 중에서 가장 큰 값은 $x=4$일 때 $y=7$이고, 가장 작은 값은 없다.

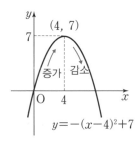

x	$x<4$	$x=4$	$x>4$
y	↗	7(최댓값)	↘

이와 같이 어떤 함수의 함숫값 중에서 가장 큰 값을 그 함수의 '최댓값'이라 하고, 가장 작은 값을 그 함수의 '최솟값'이라고 한다. 이를테면 이차함수 $y=(x-5)^2+2$의 최솟값은 2이고, 최댓값은 없다. 또 이차함수 $y=-(x-4)^2+7$의 최댓값은 7이고 최솟값은 없다.

마지막으로 x의 값이 실수 전체일 때 이차함수의 그래프가 아래로 볼록하면(즉 $a>0$) 최솟값만 있고, 위로 볼록하면(즉 $a<0$) 최댓값만 있다는 것을 꼭 기억해 두도록 하자.

교과 **이차함수의 최댓값과 최솟값 2**

일반형 꼴의 이차함수는 최댓값과 최솟값을 어떻게 구할까? 예를 들어 이차함수 $y=2x^2-4x+1$의 최댓값 또는 최솟값을 구해 보도록 하자. 사실 최댓값이든 최솟값이든 모두 그래프 안에 담겨 있으니 그래프만 그릴 수 있다면 크게 걱정할 필요가 없다. 하지만 그래프를 그리기 위해서는 우선 함수를 일반형에서 표준형 꼴로 고쳐야 한다.

$$y=2x^2-4x+1$$
$$=2(x^2-2x)+1$$
$$=2(x^2-2x+1-1)+1$$
$$=2(x-1)^2-2+1$$
$$=2(x-1)^2-1$$

따라서 꼭짓점 좌표가 $(1, -1)$이고 y절편은 1, 또 $a>0$이므로 그래프를 그리면 다음과 같다. 따라서 $x=1$일 때 최솟값은 -1이고 최댓값은 없다.

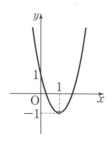

이와 같이 이차함수 $y=ax^2+bx+c$의 최댓값과 최솟값이 궁금할 때는 우선 주어진 함수를 $y=a(x-p)^2+q$의 꼴로 고친 후에 그래프부터 그리도록 하자.

지금까지 배운 내용을 간단히 정리해 보자.

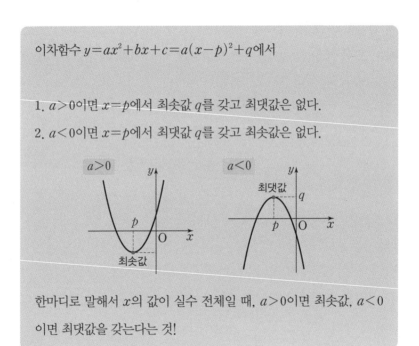

이차함수 $y=ax^2+bx+c=a(x-p)^2+q$에서

1. $a>0$이면 $x=p$에서 최솟값 q를 갖고 최댓값은 없다.
2. $a<0$이면 $x=p$에서 최댓값 q를 갖고 최솟값은 없다.

한마디로 말해서 x의 값이 실수 전체일 때, $a>0$이면 최솟값, $a<0$이면 최댓값을 갖는다는 것!

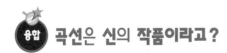 곡선은 신의 작품이라고?

"직선은 인간의 것이지만 곡선은 신의 것이다."

　'신의 건축가'라 불렸던 스페인의 건축가 가우디_{Antoni Gaudii Cornet}의 말
이다. 그는 이 같은 신념에 따라 건축물을 설계했다고 한다. 즉, 곡선
으로 이루어진 성당을 건축하여 지상 위에서의 신의 세계 구현이라는
자신의 목적을 달성하고자 노력했던 것이다. 그러한 열정 덕분에 그가
40년 동안 심혈을 기울여 설계한 바르셀로나의 사그라다 파밀리아 성당
은 미완의 상태임에도 불구하고 신의 손길이 닿은 듯한 아름다운 곡선
으로 유명하다.

　이처럼 직선과 곡선이 인간과 신에 비유될 정도라면 그래프 내에서의
직선과 곡선은 어떠한 차이점을 가질까?

일차함수 $y=ax(a\neq0)$의 그래프는 직선이고, 이차함수 $y=ax^2$ $(a\neq0)$의 그래프는 곡선이다.

여기서 짚고 넘어가야 할 것이 있다. 그래프에서의 직선과 곡선은 이름이나 모양 같은 단순한 차이가 아니라 그래프를 그리는 방법에 의해 서로 구분된다는 점이다.

직선 그래프를 그리는 방법은 아주 간단하다. 직선 그래프의 직선을 그리기 위해 필요한 것은 오로지 두 점뿐이다. 특정한 두 점을 연결하면 단 하나의 직선이 그려지기 때문이다. 그러나 곡선 그래프의 경우에는 사정이 다르다. 직선 그래프를 그리는 일이 단순하고 쉬웠다면 곡선 그래프를 그리는 일은 그리 단순하지 않다.

다음 그림을 보자. 그림에서 알 수 있듯 두 점을 지나는 직선은 오로지 1개다. 하지만 두 점을 지나는 곡선은 무수히 많다. 때문에 함수 $y=ax(a\neq0)$의 직선 그래프는 단 2개의 순서쌍으로 얼마든지 그릴 수 있지만 함수 $y=ax^2(a\neq0)$의 곡선 그래프는 여러 쌍의 순서쌍을 필요로 한다.

예를 들어 보자. $y=\dfrac{2}{3}x$의 그래프는 단 2개의 순서쌍 $(0, 0)$, $(3, 2)$를 이용하여 그릴 수 있다. 하지만 $y=\dfrac{1}{2}x^2$의 그래프를 그리는 일은 단

2개의 순서쌍만으로는 불가능하다. 곡선의 그래프는 여러 개의 순서쌍을 필요로 하기 때문이다.

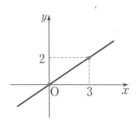 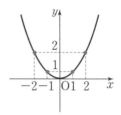

이제 곡선을 신적인 것으로 규정한 가우디가 충분히 이해된다. 무한한 점의 좌표가 필요한 곡선 그리기! 신적인 것이라는 표현이 아주 잘 어울리지 않는가?

 융합 에너지가 부족하다고? 태양광 에너지는 어때?

석탄, 석유, 천연가스의 공통점은?

1. 먼 옛날 지구상에 살았던 생물의 잔해이다.
2. 화석연료로 귀중한 에너지 자원이다.
3. 매장량에 한계가 있다.
4. 온실가스를 배출시켜 기후변화를 일으킨다.

그렇다. 석탄, 석유, 천연가스와 같은 화석연료는 땅에 파묻힌 동식물이 오랜 시간 동안 온도와 압력의 변화를 겪으면서 에너지 자원으로 변화한 것을 가리킨다. 물론 이 같은 화석연료는 지구의 귀중한 에너지 자원이지만 매장량에 한계가 있고 온실가스를 배출시켜 기후변화를 일으키는 단점을 가지고 있다.

그렇다면 풍력, 수력, 태양광, 폐기물 등의 공통점은?

1. 재생에너지이다.
2. 공해 물질의 배출이 없다.
3. 고갈될 염려가 없다.
4. 화석연료 대체효과가 크다.

이러한 재생에너지 각각을 간단히 살펴보도록 하자.

풍력 에너지는 풍력 발전기를 이용하여 바람 에너지를 전기 에너지로 바꾼 것이다. 그리고 수력 에너지는 흐르는 물의 위치에너지를 이용하여 전기 에너지를 생산한 것이고, 태양광 에너지는 태양 전지판을 이용하여 태양빛 에너지를 전기 에너지로 바꾼 것이며, 마지막 폐기물 에너지는 에너지 함량이 높은 폐기물을 연료로 만들거나 소각하여 에너지로 이용하는 것을 말한다.

특히 풍력 에너지의 경우에는 풍력 발전기의 날개를 회전시켜 이때 생긴 날개의 회전력으로 전기를 생산하므로 풍력 발전기의 날개 길이(x)

에 따라 생산되는 전기 에너지(y)의 양이 달라지게 된다. 이를 수학적으로 표현하면 이차함수의 관계식 $y = \dfrac{3}{4}x^2$이 성립한다고 한다.

한편 태양 전지판을 이용한 태양광 에너지의 경우에는 태양 전지판의 넓이에 따라 에너지의 양이 달라진다.

 ## 과학 실험을 할 때도 함수가 필요하다

함수는 변화하는 두 양 사이의 관계로부터 태어난다. 그래서 함수에는 그 변화 상태를 관찰하고 측정하는 실험 과정이 필수적으로 요구된다. 그렇다면 실험 과정을 거쳐 조사한 것들이라면 모두 수학적인 함수라고 할 수 있는 것일까? 물론 그렇지는 않다. 『중1이 알아야 할 수학의 절대지식』의 넷째 마당에서 언급한 바 있듯이, 실험 과정을 거쳤더라도 그 변화 상태가 불규칙적이어서 두 양 사이의 관계를 식으로 나타낼 수 없다면 그 함수는 수학에서 다루어지지 않는다.

17세기 이탈리아 천문학자인 갈릴레이Galileo Galilei는 자유낙하실험으로 규칙적인 변화를 찾아낸 과학자이다. 그러니까 실험을 통해 변화 과정을 관찰한 최초의 인물이 갈릴레이였던 것이다. 사실 갈릴레이가 함수를 발견했던 것은 아니지만 그가 실험의 중요성을 발견함으로써 함수의 탄생이 앞당겨진 것은 분명하다. 이렇게 함수의 역사에서 중요한 의미를 가지는 갈릴레이의 자유낙하실험! 자세히 살펴보도록 하자.

전해지는 이야기에 따르면 갈릴레이는 철로 만든 공과 플라스틱 공을 같은 높이에서 동시에 낙하시켰다고 한다. 그리고 그는 이 낙하 실험을 통해 중력 외에 공기마찰에 의한 저항력이 없는 진공 상태라면 물체가 각각의 질량이나 종류, 모양, 치수에 상관없이 일정한 값을 가진다는 것을 알아냈다.

즉 낙하하는 물체의 운동은 등가속도운동으로 낙하 거리는 낙하 시간의 제곱에 비례함을 알아낸 것이다. 이것을 식으로 나타내면 $s=\dfrac{1}{2}gt^2$(s는 낙하 거리, g는 중력가속도, t는 낙하 시간)이다. 이때 중력가속도를 $g=9.8(\mathrm{m/s^2})$이라 하면 $s=4.9t^2$이다.

참고로 갈릴레이가 시간대별로 실험 조사한 낙하 거리는 최초의 1초간에는 약 4.9m, 2초간에는 19.6m, 3초간에는 44.1m, …이었다.

그리고 이를 통해 물체가 아래로 떨어질수록 점점 속력이 빨라지고 낙하 거리 또한 증가한다는 것을 알아냈다. 이러한 발견을 근거로 하여 알아낸 등식이 바로 $s=\dfrac{1}{2}gt^2$이다.

마지막으로 갈릴레이가 낙하실험에서 얻어낸 식 $s=\dfrac{1}{2}gt^2=4.9t^2$은 함수 식, 그것도 이차함수이기 때문에 자연히 수학의 대상이 된다는 것도 알아두자.

용합 번지점프가 무서운 이유?

오금이 저린다는 공포의 번지점프는 남태평양 바누아투의 팬테코스트 섬에서 거주하는 원주민들이 매년 봄에 행하는 성인식에서 유래되었다고 한다. 섬 청소년들이 자신의 용맹함을 증명하기 위해 우리나라의 칡뿌리와 비슷한 '번지'라는 나무줄기를 다리에 묶고 10m 정도의 높이에서 훌쩍 뛰어내린 것이 번지점프의 시작이었다. 이 모험적인 성인식은 서구에 점차 알려지기 시작해서, 1979년에는 영국 옥스퍼드 대학교의 스포츠클럽 회원 4명이 미국 샌프란시스코에 있는 금문교에서 뛰어내려 눈길을 끌었다.

이런 번지점프가 공포스러운 이유는 무엇일까? 갑작스럽게 뚝 떨어진다는 느낌 때문일 것이다. 번지점프 후의 시간과 떨어지는 거리를 조사한 다음 그림을 보고 우리가 왜 뚝 떨어지는 느낌을 갖게 되는지를 수학적으로 따져 보자.

시간	거리		
1초	4.9m	$1^2 \times 4.9$	
			14.7
2초	19.6m	$2^2 \times 4.9$	
			24.5
3초	44.1m	$3^2 \times 4.9$	
			34.3
4초	78.4m	$4^2 \times 4.9$	
⋮			
x초	⋯	$x^2 \times 4.9$	

시간이 지날수록 거리 폭이 길어짐에 따라 속도가 점점 빨라진다는 것을 알 수 있다. 즉 번지점프할 때 공기저항이 없다면 갈릴레이가 실험한 것처럼 x초 동안 떨어지는 자유낙하 거리 $y=4.9x^2$으로 낙하 거리는 낙하 시간의 제곱에 비례한다. 이때 "제곱에 비례한다"는 말을 제대로 이해하기 위해서는 숫자를 제곱할 때 제곱한 숫자가 얼마나 기하급수적으로 증가하는지를 알아야만 한다.

$$1^2=1, \ 2^2=4, \ 3^2=9, \ 4^2=16, \ \cdots$$

1 간격을 두고 1, 2, 3, 4, …를 제곱했을 뿐인데 제곱한 값은 어떤가? 1, 4, 9, 16, …으로 그야말로 급상승한다. 이와 같은 제곱수의 기하급수적 증가는 곧 갑작스러운 하강을 의미한다. 낙하 거리는 낙하 시간의 제곱에 비례하므로 낙하 시간이 커질수록 낙하 거리 또한 큰 폭으로 증가

하기 때문이다. 이처럼 번지점프는 시간과 거리 사이의 관계가 이차함수로 표현되므로 번지점프를 하는 사람은 그야말로 뚝 떨어질 수밖에 없게 된다. 번지점프의 예에서처럼 제곱 항의 계수, 즉 a가 1보다 큰 이차함수는 모두 포물선을 그리며, 급강하의 상황을 연출하게 된다.

참고로 물로켓 발사, 골키퍼가 차올린 축구공처럼 위로 던져 올린 물체의 운동은 17세기 영국의 과학자 뉴턴에 의해 초속 vm로 던져 올린 물체의 t초 후의 높이 hm가 $h = vt - \frac{1}{2}gt^2$(단, g는 중력가속도)임이 밝혀졌다.

 ## 융합 이차함수는 공포와 아름다움을 한 몸에

앞에서 언급했듯이 번지점프가 무서운 이유는 갑작스러운 급강하 때문이다. 물론 번지점프만 우리를 갑작스럽게 놀래키는 것은 아니다. 자동차가 급정지를 할 때도 깜짝 놀라게 된다. 달리던 자동차가 갑작스럽게 브레이크를 밟았다고 가정해 보자. 그때 자동차는 바로 정지할 수 있을까? 아니다. 한참 동안 쭉 미끄러지다 정지한다. 이때 쭉 미끄러진 거리를 '제동거리'라 하고, 쭉 미끄러지면서 아스팔트 포장도로 위에 낸 타이어 자국을 '스키드 마크 skid mark'라고 한다. 멈추기 전에 달리던 속도가 빠르면 빠를수록 자동차의 제동거리는 길어지고, 또 스키드 마크 역시 길게 나타난다.

그리고 자동차의 속력과 제동거리, 스키드 마크 사이에는 이차함수의 관계가 있다. 시속 $x$km로 달리던 자동차의 제동거리를 ym라고 하면 y는 x의 제곱에 정비례한다. 또 건조한 아스팔트 포장도로 위에서 시속 $x$km인 자동차의 스키드 마크의 길이 ym는 $y=\dfrac{1}{203}x^2$으로 나타난다고 하니 스키드 마크의 길이 역시 속도의 제곱에 정비례한다. 이렇게 스키드 마크 길이와 모양으로 자동차가 급정지하기 직전의 속력과 주행 상황을 알 수 있기 때문에 이차함수는 교통사고의 원인을 밝히는 데에도 중요한 단서가 되고 있다.

번지점프에 자동차 급정거, 교통사고까지! 점점 무서워진다고? 너무 겁먹지는 말자. 이차함수 속에는 무서운 것들 말고도 아름다운 것들도 많으니까. 분수대의 물줄기, 스키를 타고 점프하는 모양, 볼링공의 운동에너지, 돌고래의 점프, 불꽃놀이 등을 떠올려 보도록. 이 모두는 번지점프처럼 갑작스럽게 변화하는 성질을 가지고 있으며 포물선을 그리는 이차함수이지만 무섭기보다는 아름답지 않은가?

융합 학원장은 알고 있었을까?

매월 학원생을 모집하는 수학 학원이 있다고 하자. 이 학원에서는 3월 신학기를 맞이하여 다음과 같은 광고를 냈다.

- 월 수강료 : 100,000원
- 현재 학생 수 : 10명
- ※ 신학기 이벤트 : 학생 수가 1명 늘 때마다 모든 학생들의 수강료
  　를 5,000원씩 할인해 준다.

　광고를 보자마자 이 학원에 다니던 생강이 친구들에게 전화를 걸기 시작했다.
　"얘들아 공짜로 학원 다닐 수 있으니 우리 학원에 등록해."
　"뭐라고 공짜?"
　공짜라고 하니 학원을 등록하겠다는 학생들이 금세 줄을 섰다. 이러

한 상황이라면 학원장은 웃어야 할까, 울어야 할까? 글쎄다. 이차함수의 최댓값과 최솟값을 제대로 알고 있었다면 큰 소리로 웃었을 것이고, 그렇지 않았다면 학원 문을 닫았을 것이다. 자, 지금부터 학원장의 심정으로 따져 보자.

학생이 1명 늘어난다면 수강료와 학원 수입은 각각 얼마가 되는가? 수강료는 5,000원 할인해서 95,000원이 되고, 학원 수입은 다음과 같다.

$$(100000-5000\times1)\times(10+1)=95000\times11=1045000(원)$$

학생이 2명 늘어났다고 하자. 이때 수강료와 학원 수입은? 수강료는 10,000원 할인해서 90,000원이 되고, 학원 수입은 다음과 같다.

$$(100000-5000\times2)\times(10+2)=90000\times12=1080000(원)$$

학원생이 늘어날 때마다 학원 수입이 늘어난 듯하다. 하지만 다음 표를 보자.

새로 들어온 학생 수	1명	2명	3명	4명	5명	6명
학원 수강료	95000	90000	85000	80000	75000	70000
학원 수입	1045000	1080000	1105000	1120000	1125000	1120000

새로 들어온 학생이 5명일 때 학원 수입은 가장 높고, 그다음부터는

점점 줄어든다는 것을 알 수 있을 것이다. 즉 새로 들어온 학생 수가 5명일 때 학원 수입은 최대가 된다. 그러나 학생이 많이 들어오면 들어올수록 할인 폭이 커지므로 새로 들어온 학생이 20명이 되는 순간 학원 수강료는 0(원)이 되어 버린다. 정리하면 새로 들어온 학생이 5명일 때 학원 수입은 최댓값을 갖게 되고, 20명일 때 학원 수입은 최솟값을 갖게 되는 것이다. 따라서 학원장은 손해를 면하려면 5명의 수강생만을 더 받아야 한다.

학원장의 고민을 수학적으로도 해결해 보자. 새로 들어온 학생 수를 x명, 학원 수입(원)을 y할 때 y를 x에 대한 식으로 나타내면 다음과 같다.

$$y = (100000 - 5000x)(10 + x)$$

이것을 정리하여 최댓값을 구해 보면 다음과 같다.

$$
\begin{aligned}
y &= 1000000 + 50000x - 5000x^2 \\
&= -5000(x^2 - 10x) + 1000000 \\
&= -5000(x^2 - 10x + 25 - 25) + 1000000 \\
&= -5000(x-5)^2 + 125000 + 1000000 \\
&= -5000(x-5)^2 + 1125000
\end{aligned}
$$

따라서 새로 들어온 학생 수가 5명일 때 학원 최대 수입은 1,125,000원이다. 한편 수강료가 공짜라는 것은 학원 수입이 0원이라는 의미이므로 $y=0$, 즉 $0=1000000+50000x-5000x^2$이다. 이 이차방정식을 풀면 $x=-10$ 또는 $x=20$이다. 이때 새로 들어온 학생 수 $x>0$이므로 $x=20$이다. 따라서 새로 들어온 학생 수가 20명일 때 학원 수강료는 공짜가 된다.

 ## 수완이 좋다는 것은?

생강과 고래는 인터넷 쇼핑몰에서 인형을 판매하고 있다. 똑같은 인형을 파는데도 인형 1개의 가격에 따라 판매량과 판매해서 얻은 총 판매금액이 달랐다.

이름	인형 1개 가격(원)	판매량(개수)	총 판매금액(원)
생강	2800	200	$2800 \times 200 = 560000$
고래	3000	150	$3000 \times 150 = 450000$

고래 : 생강! 넌 어떻게 그렇게 잘 파는 거야?

생강 : 간단해. 소비자의 심리를 파악한 것뿐이야.

고래 : 소비자의 심리?

생강 : 그래. 소비자는 상품을 구매할 때 가장 먼저 가격을 따져. 100원이라도 할인해 주면 구매량은 늘어날 수밖에 없지.

고래 : 그러면 가격을 낮추면 낮출수록 구매량은 늘어나겠네.

생강 : 물론 그렇지. 하지만 구매량만 늘어나면 뭐해? 총 판매금액을
　　　　따져 봐야지.

고래 : 그러면 인형 판매 수입이 최대가 되도록 하려면 인형의 가격을
　　　　얼마로 정하면 좋을까?

생강 : 사업 수완이 뛰어나다는 소리를 들으려면 그 정도는 알고 있
　　　　어야지!

자! 사업 수완이 뛰어난 사람의 이야기를 들어 보자. 인형 가격과 판매
량 사이의 관계가 다음 그림처럼 직선으로 나타낼 수 있다.

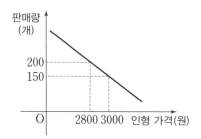

생강과 고래가 파는 인형 1개의 가격을 x원이라고 하면 다음과 같다.

2800(원)일 때 판매량은 200(개)

3000(원)일 때 판매량은 150(개)

⋮

x(원)일 때 판매량은 $-\dfrac{1}{4}x+900$(개)이다.

인형 1개 가격(원)	판매량(개수)	총 판매금액(원)
2800	200	$2800 \times 200 = 560000$
3000	150	$3000 \times 150 = 450000$
x	$-\dfrac{1}{4}x+900$	$x\left(-\dfrac{1}{4}x+900\right)$

이때 총 판매수입 y는 인형 1개의 가격과 판매량의 곱으로 $y=x\left(-\dfrac{1}{4}x+900\right)$이다.

$$y=x\left(-\frac{1}{4}x+900\right)$$
$$=-\frac{1}{4}x^2+900x$$
$$=-\frac{1}{4}(x^2-3600x)$$
$$=-\frac{1}{4}(x-1800)^2+810000$$

판매 수입이 최대가 되게 하는 인형 1개의 가격은 1,800원이고, 판매량은 450개, 그때 판매금액은 최대 810,000원이 된다. 물론 이외에도 따져 봐야 할 여러 상황이 있을 수 있다. 하지만 수학을 잘하면 사업 수완도 반드시 좋아질 수밖에 없다는 것! 여하튼 수학은 잘하고 볼 일인 것이다.

융합 영화 〈쥬라기 공원〉과 카오스 이론 그리고 함수

모든 함수가 수학의 대상이 되는 것이 아니라면 수많은 함수 중에서 수학의 대상이 되는 함수는 몇이나 될까? 대부분의 친구들이 규칙적인 변화를 지닌 함수만이 우리가 다루는 함수라는 사실을 근거로 수학의 대상이 되는 함수의 양이 많지 않으리라 예상할 것이다. 그러나 실제로는 그렇지가 않다. 규칙에는 한눈에 파악 가능한 규칙도 있지만, 겉보기에는 불규칙적인 것 같은데도 수학의 눈으로 보면 규칙성이 발견되는 경우가 꽤 많기 때문이다. 불규칙적인 것처럼 보이는 것들 속에서 규칙을 찾는 것, 그 역시 함수이므로 수학의 대상이 되는 함수는 무한하다고 보아도 무방할 것이다.

이러한 함수의 무한성은 영화 〈쥬라기 공원〉에서도 확인 가능하다. 등장인물 중 하나인 수학자 말콤은 영화의 초반 '쥬라기 공원'의 실패를 확신한다. 그가 쥬라기 공원의 실패를 확신할 수 있었던 것은 바로 '카오스(혼돈) 이론' 덕분이다. 카오스 이론은 무질서하게 보이는 혼돈 상태에서도 논리적인 법칙이 존재한다는 전제하에 불안정하고 불규칙해 보이는 현상 속에 숨어 있는 질서를 밝혀내고자 한다.

수학자 말콤은 아무리 철저하게 공룡들을 제어한다고 해도 자연 속에 숨겨진 다양성과 예측 불가능성, 즉 카오스를 통제할 수 없기 때문에 쥬라기 공원은 실패할 수밖에 없다고 생각했던 것이다. 그리고 말콤의 예상은 그대로 맞아떨어져 쥬라기 공원에는 갖가지 불상사가 꼬리에 꼬리를 물고 발생한다. 그런데 만약 수학자 말콤이 카오스 이론까지 고려하여 혼란 속의 규칙성을 찾아내고 쥬라기 공원을 설계했다면 영화는 어떻게 전개될까? 상상의 나래를 펼쳐 보도록 하자.

어찌됐든 불규칙적인 것들 속에서도 규칙성을 찾아낼 수 있다고 생각하는 이러한 관점, 즉 카오스 이론에 따르자면 우리의 통념과 달리 함수의 대상은 무한해질 수밖에 없게 된다.

통계

$$평균 = \frac{\{(계급값) \times (도수)\}의\ 총합}{도수의\ 총합}$$

평균, 중앙값, 최빈값

평균이 최근가 아니냐고?

통계

 애널리스트는 대푯값과 산포도를 알아야 해

'애널리스트analyst' 하면 주식부터 떠올리는 친구들이 많을 것이다. 하지만 애널리스트란 각 분야별로 각종 정보를 수집하고, 그 수집한 자료를 분석하여 결과를 예측하고 앞으로의 목표와 방향 등을 제시하는 사람을 말한다. 그래서 오늘날에는 금융뿐만 아니라 스포츠 분야에도 분석가, 즉 애널리스트가 있다. 전략이 필요한 곳에는 어디든 애널리스트가 존재하는 것이다. 물론 각 분야마다 특화된 역할이 있긴 하다.

우선 금융 관련 애널리스트는 국내외 경제·기업 정보를 수집하고 분석하여 고객에게 어디에 어떻게 투자하면 좋을지 조언한다. 또 언론매체를 통해 금융 관련 정보들을 전달하는 역할을 한다. 반면 스포츠 애널리스트는 선수나 팀의 경기 관련 자료들을 수집하고 분석하여 선수들의 경기 결과 분석, 연봉 협상, 선수 스카우트 등을 위한 정보를 제공한다. 또 더 유리한 전술과 경기 결과를 예측하고 선수들의 경기력을 향상시킬 수 있는 방법까지도 연구한다. 마지막으로 언론매체를 통해 스포츠 관련 정보들을 전달한다.

하지만 분야에 따른 세부적인 차이점을 제거하고 나면 결국 애널리스트들이 하는 일은 동일하다. 바로 자료의 정리와 분석이다. 애널리스트는 필요한 자료를 정리하고 분석할 줄 알아야 하는 것이다.

그렇다면 애널리스트들이 이러한 역할, 즉 자료를 능숙하게 분석하고 필요한 정보를 제대로 얻기 위해서는 어떠한 능력을 갖추고 있어야 할까? 수학적으로 말하자면 애널리스트는 자료의 평균과 중앙값, 최빈값과 같은 대푯값은 물론이고, 자료의 분포에 관한 산포도까지 제대로 파악할 줄 알아야 한다. 그래야만 자료를 제대로 분석하여 족집게 전략을 짤 수 있기 때문이다. 즉, 성공한 애널리스트가 되기 위해서는 평균과 표준편차를 이용한 자료 분석 능력이 필수적이다.

융합 평균이 최고는 아니야?

매일 두세 시간씩 공부하는 아들에게 엄마가 말했다.

"아들아! 엄마 친구 아들은 하루에 8시간 이상씩 공부한다는데 너도 공부하는 시간을 좀 늘려야 하지 않겠니?"

이 말에 발끈한 아들이 표를 내밀었다.

친구 이름	ㄱ	ㄴ	ㄷ	ㄹ	ㅁ	ㅂ	ㅅ	ㅇ	ㅈ	ㅋ
1일 공부 시간	2	2	3	2	2	3	9	8	3	2

"엄마! 친구 아들 얘기 좀 그만하세요. 그 애가 좀 이상한 거라고요. 자, 보세요. 두세 시간씩 공부하는 친구들이 대다수잖아요! 엄친아 2명을 제외하면 말이지요. 평균 $\dfrac{2\times5+3\times3+9+8}{10}=3.6$(시간)만 보면 아들이 좀 덜 공부한다 싶겠지만 그렇지 않아요. 이 평균은 순전히 2명의 특이값, 즉 9시간과 8시간의 영향 때문이라고요. 그러니 엄마 제발 또라이 엄친아들을 잊어 주세요!"

그럼 이번에는 다른 상황을 들여다보자.

전쟁 중에 어느 큰 강이 병사들의 진군을 가로막고 있었다. 장군이 참모에게 물었다.
"강의 수심은 얼마나 되는가?"
"평균 140cm 정도 됩니다."
이에 장군은 자신이 이끄는 병사들의 평균 키를 가늠해 보았다. 병사들의 평균 키는 165cm였고, 장군은 병사들의 평균 키가 강의 평균 수심을 훨씬 웃도므로 모두 쉽게 강을 건널 수 있으리라 예상하고는 병사들에게 즉시 강을 건널 것을 명령했다. 그러나 불행히도 그 큰 강에는 수심이 200cm가 넘는 곳이 더러 있었다. 결국 수많은 병사들이 물에 빠져 죽고 말았다.

위 2가지 상황에서 우리는 평균 속에 숨어 있는 함정을 발견할 수 있다. 이러한 이유에서 우리는 평균을 과신하지 않도록 주의해야 한다. 이 외에도 우리가 쉽게 빠질 수 있는 평균의 함정이 있다. 여행지의 평균기온이 바로 그것이다.

생강이 미국의 라스베이거스로 여행을 가게 되었다. 옷을 챙기려고 보니 여행지의 평균기온이 궁금해졌다. 검색을 해보니 라스베이거스는 평

균기온이 17℃란다. 결국 생강의 배낭에는 봄 날씨에 대비한 옷들이 가득 찼다. 그런데 그가 챙긴 옷들은 정작 여행지에 가서 무용지물이 되었다. 어째서일까? 생강이 평균의 함정에 빠져 버렸기 때문이다.

　라스베이거스는 사막 한가운데에 위치해 있는 도시로 일교차가 아주 심하다. 어떤 날은 낮 기온이 천정부지로 솟구치는가 하면 밤 기온은 금세 뚝 떨어져 버리기도 한다. 때문에 라스베이거스에는 평균기온이 큰 의미가 없다. 그래서 여행을 갈 때에는 평균기온뿐만 아니라 여행지의 기온 변화까지도 고려하는 것이 좋다. 생강처럼 낭패를 보지 않기 위해서라도 말이다.

 아웃라이어는 제외하자고?

　말콤 글레드웰의 책 중에 『아웃라이어Outliers』가 있다. 여기서 '아웃라이어'란 보통 사람의 범위를 뛰어넘는 특별한 사람을 가리킨다. 이와 비슷한 개념을 통계에서 찾아보자.

　통계 자료를 보면 다음 그림에서처럼 일반적인 자료의 범위에서 벗어나 형편없이 작거나 엉뚱하게 큰 값이 있을 때가 있다. 이런 엉뚱한 값들을 '이상값' 또는 '아웃라이어'라고 한다.

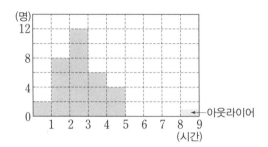

위 히스토그램은 학생 34명의 학습 시간을 나타낸 것이다. 대부분은 1~5시간에 몰려 있는 데 비해 엉뚱하게 딱 1명만 학습 시간이 8시간 이상 9시간 미만으로, 일반적인 자료의 범위에서 뚝 떨어져 정상적으로 보기 어려운 아웃라이어가 있다. 이와 같은 아웃라이어가 있을 때는 그로 인해 엉뚱한 결과가 초래될 수 있기 때문에 자료에서 아예 제거하거나 다른 적절한 방법을 취해야 한다.

예를 들어 중학생 10명의 한 달 용돈이 다음과 같다 하자.

4, 8, 10, 5, 4, 4, 3, 4, 4, 4 (단위 : 만 원)

대부분 학생들이 용돈으로 4만 원가량을 받고 있는데, 특별한 2명만 8만 원과 10만 원이라는 거금을 받고 있다. 이때의 8만 원과 10만 원이 바로 아웃라이어(이상값)다. 그리고 이 2개의 아웃라이어(이상값) 때문에 중학생의 평균 용돈은 4만 원에서 5만 원으로 그 값이 껑충 뛰어 버린다.

이처럼 이상값은 그 자료의 평균에 영향을 미칠 수가 있다. 따라서 평균을 가지고 어떤 객관적인 판단을 해야 할 경우에는 이상값을 없애는 것이 오히려 의미 있는 평균을 구하기 위한 해결책이 되기도 한다.

이상값을 아예 제거하여 평균 점수의 함정을 피해 가는 좋은 예가 있다. 바로 체조나 피겨 스케이팅 경기에서의 점수 산출 방식이다.

어느 체조 선수의 경기를 보고 심판 7명이 다음과 같이 점수를 주었다고 하자.

심판 이름	A	B	C	D	E	F	G
점수	8	7	8	5	9	10	8

체조 경기의 심판들은 가장 낮은 점수를 준 D와 가장 높은 점수를 준 F의 점수를 이상값으로 인정하고, 이 값을 제외한 나머지 점수의 평균값, 즉 $\dfrac{8+7+8+9+8}{5}=\dfrac{40}{5}=8$(점)으로 최종 점수를 산출한다. 이와 같이 여러 명의 심판이 매긴 점수 중에서 가장 높은 점수와 가장 낮은 점수를 제외하고 나머지 점수의 평균값으로 점수를 내는 것은 편향적인 심사를 배제하여 평균 점수의 왜곡을 막기 위한 하나의 방편이다.

이렇게 아웃라이어(이상값)를 아예 제거함으로써 평균의 함정을 피할 수도 있다는 것, 잊지 말도록 하자.

교과 평균, 중앙값, 최빈값은 모두 대푯값이다

다음은 생강이 중학교 2학년 때 받은 수학 점수 표이다.

> 80, 70, 90, 80 (단위 : 점)

생강의 수학 점수의 평균은 다음과 같다.

$$평균 = \frac{80 + 70 + 90 + 80}{4} = \frac{320}{4} = 80(점)$$

따라서 누군가 생강에게 2학년 때의 수학 점수를 물어 보면 생강은 "80점 정도 되요."라고 답할 수 있을 것이다. 생강이 이렇게 대답할 수 있는 것은 점수 80점이 생강의 수학 점수 전체를 대표하고 있기 때문이다. 이와 같이 자료 전체의 중심 경향이나 특징을 하나로 나타낼 수 있는 수, 즉 자료 전체를 대표하는 값을 '대푯값'이라고 한다.

대푯값에는 평균, 중앙값, 최빈값과 같은 여러 가지가 있으나 가장 많이 사용되는 것이 평균이다. '평균'은 변량의 총합을 총 도수로 나눈 것이고, '중앙값'은 여러 개의 자료의 변량을 크기 순서대로 늘어놓았을 때 그들의 한가운데 있는 값이며, '최빈값'은 어떤 자료의 변량 중에서 도수가 가장 큰 변량의 값을 말한다.

다음 자료를 가지고 평균, 중앙값, 최빈값을 구해 보자.

$$8, 7, 9, 7, 8, 6, 8, 6, 1, 8$$

평균은 $\dfrac{8+7+9+7+8+6+8+6+1+8}{10}=6.8(점)$이다.

중앙값은 자료를 작은 값에서부터 크기 순으로 나열할 때 자료가 홀수 개이면 한가운데에 위치한 값이고, 자료가 짝수 개이면 가운데 위치한 두 값의 평균이다. 따라서 중앙값은 7.5이다.

$$1, 6, 6, 7, (7, 8), 8, 8, 8, 9$$

↳자료가 10개(짝수)이므로 가운데 있는 두 값의 평균

$(중앙값)=\dfrac{7+8}{2}=7.5$

최빈값은 8이다.

변량	도수
1	1
6	2
7	2
⑧	④
9	1
합계	10

↳도수가 가장 큰 최빈값=8

이처럼 같은 자료를 두고도 평균(6.8), 중앙값(7.5), 최빈값(8)은 각각 다를 수 있기 때문에 셋 중 무엇을 대푯값으로 했을 때, 자료의 중심 경향을 더 잘 나타낼 수 있을지 꼭 따져 봐야 한다.

앞서도 언급했듯 일반적으로 평균이 가장 많이 쓰이나 자료의 값 중에 이상값, 즉 아웃라이어가 포함되어 있을 때는 평균의 함정에 빠지기 쉬우므로 중앙값을 대푯값으로 사용하고, 또 평균이나 중앙값을 구하기가 어려울 때는 최빈값을 쓴다. 참고로 영어로 평균은 mean, 중앙값은 median, 최빈값은 mode라고 한다.

 ## 도수분포표를 이용해서 평균을 구해 봐

우리는 중학교 1학년 과정에서 자료에서 도수분포표가 주어지고 그를 통해 평균, 즉 변량의 총합을 총 도수로 나눈 값을 구할 때 다음과 같은 순서를 따르면 평균을 구하기 쉽다는 것을 배운 바 있다.

1. 각 계급의 계급값을 구한다.
2. 각 계급의 (계급값) × (도수)를 구한다.
3. 위에서 구한 2의 총합을 계산한다.
4. 위의 3에서 얻어낸 값을 총 도수로 나누어 평균을 구한다.

$$\text{평균} = \frac{\{(\text{계급값}) \times (\text{도수})\}의\ 총합}{\text{도수의 총합}}$$

자! 다음과 같이 도수분포표로 주어진 자료의 평균을 구해 보자.

계급(kg)	도수(명)
40^{이상}∼45^{미만}	2
45∼50	4
50∼55	16
55∼60	4
60∼65	2
65∼70	2
합계	30

우선 계급의 중앙값인 계급값을 각각 구한 뒤 (계급값)×(도수)를 구하면 다음과 같다.

계급(kg)	도수(명)	계급값	(계급값)×(도수)
$40^{이상}\sim45^{미만}$	2	42.5	$42.5\times2=85$
$45\sim50$	4	47.5	$47.5\times4=190$
$50\sim55$	16	52.5	$52.5\times16=840$
$55\sim60$	4	57.5	$57.5\times4=230$
$60\sim65$	2	62.5	$62.5\times2=125$
$65\sim70$	2	67.5	$67.5\times2=135$
합계	30		1605

따라서 평균$=\dfrac{1605}{30}=53.5$이다.

교과 산포도와 표준편차

다음은 생강과 고래가 각각 3번의 영어 단어 시험에서 받은 점수이다.

생강 점수	고래 점수
12	15
15	10
18	20

생강과 고래가 받은 점수의 평균은 똑같이 15점이다. 하지만 두 사람의 점수를 자세히 살펴보면 다음 그림처럼 생강의 점수는 평균 15점 근처에 몰려 있지만, 고래의 점수는 좌우로 넓게 흩어져 있다는 것을 알 수 있다.

이와 같이 두 자료의 평균은 같아도 흩어져 있는 정도는 서로 다를 수 있다. 이것으로 우리는 평균이 대푯값으로 많이 쓰이고는 있지만 자료의 분포 상태를 알아보는 것으로는 충분치 않다는 것을 짐작할 수 있다.

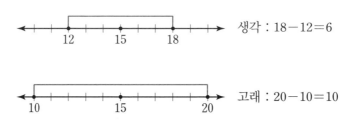

따라서 자료의 분포 상태를 제대로 파악하기 위해서는 변량들이 평균 주위에 어떻게 흩어져 있는지를 우선적으로 관찰해야 한다. 이때 자료가 흩어져 있는 정도를 하나의 수로 나타낸 값을 '산포도'라고 한다.

산포도에는 범위, 분산, 표준편차, 사분편차와 같이 여러 가지가 있으나 중학교에서는 평균을 중심으로 변량이 흩어져 있는 정도를 나타내는 분산과 표준편차에 대해서만 배운다.

분산과 표준편차는 어떻게 구하는 거야?

어떤 자료의 각 변량에서 평균을 뺀 값을 '편차'라고 한다. 따라서 생강과 고래의 점수 편차는 각각 다음과 같다.

생강 점수	편차	고래 점수	편차
12	−3	10	−5
15	0	15	0
18	3	20	5

위의 표에서 다음과 같은 사실을 알 수 있다.

1. 평균보다 큰 변량의 편차는 양수이고, 평균보다 작은 변량의 편차는 음수이다.
2. 편차의 절댓값이 클수록 그 변량은 평균에서 멀리 떨어져 있고, 작을수록 평균에 가까이 있다.
3. 편차의 합은 0이다.

편차의 합은 항상 0이 되므로 편차의 평균도 0이다. 따라서 편차의 합으로는 변량들이 흩어져 있는 정도를 알아낼 수 없다. 따라서 편차의 합이 0이 되지 않도록 편차의 제곱의 평균을 이용하여 산포도를 구한다.

$$생강 : \frac{(-3)^2 + 0^2 + 3^2}{3} = 6$$

$$고래 : \frac{(-5)^2 + 0^2 + 5^2}{3} = \frac{50}{3}$$

여기서 편차의 제곱의 평균을 '분산'이라고 한다. 즉 생강의 점수에 대한 분산은 6이고, 고래의 점수에 대한 분산은 $\frac{50}{3}$이다.

특히 이런 분산에 근호를 씌운 값을 '표준편차'라고 한다. 따라서 생강의 점수에 대한 분산은 6, 표준편차는 근호를 씌운 $\sqrt{6}$이다. 고래 영어 점수의 표준편차는 $\sqrt{\frac{50}{3}}$이다.

일반적으로 분산 또는 표준편차가 작을수록 자료가 평균을 중심으로 모이게 되므로 자료의 분포가 더 고르고, 분산 또는 표준편차가 클수록 자료가 평균으로부터 넓게 흩어져 자료의 분포가 고르지 않다. 따라서 $\sqrt{\frac{50}{3}} > \sqrt{6}$이므로 표준편차가 작은 생강의 점수가 고래의 점수보다 안정적이라 할 수 있겠다.

지금까지 배운 내용을 정리하면 다음과 같다.

어떤 자료든지 편차의 합은 항상 0이 된다. 그래서 그것들의 평균을 구하는 일은 의미가 없다. 때문에 이럴 때는 편차를 제곱하여 그것들의 평균을 내도록 한다. 그리고 이렇게 구한 평균에 근호를 씌우면 이전에는 구할 수 없었던 편차의 평균 또한 제대로 구할 수 있다. 9의 제곱은 81, 여기에 근호를 씌우면 $\sqrt{81} = 9$인 것처럼 9를 제곱한 뒤 다시 근호를 씌우면 원래의 9가 되는 원리를 떠올리면 이해가 쉽겠다.

한편, 다음과 같이 편차의 합이 0이 되지 않도록 만든 편차의 절댓값의 평균을 이용하여 산포도를 구하기도 한다.

$$생강 : \frac{|-3|+|0|+|3|}{3} = 2$$

$$고래 : \frac{|-5|+|0|+|5|}{3} = \frac{10}{3} ≒ 3$$

이를 '평균편차'라고 하는데, 평균편차나 사분편차는 고등학교 과정에 속해 있으니 여기서는 간단하게만 이해하고 넘어가도록 하자.

 **분산과 표준편차 1**

다음은 학생 10명의 미술 실기 점수를 나타낸 것이다. 분산과 표준편차를 구해 보자.

> 8, 4, 10, 10, 8, 4, 2, 3, 2, 9 (단위 : 점)

우선 분산을 구하려면 가장 먼저 평균부터 구해야 한다.

$$평균(M) = \frac{8+4+10+10+8+4+2+3+2+9}{10} = \frac{60}{10} = 6$$

다음은 변량에서 평균을 뺀 값 편차를 각각 구한 다음, 그것들을 제곱한다. 그러고는 그것들의 합, 즉 (편차)²의 합을 구한다.

점수	8	4	10	10	8	4	2	3	2	9
편차	2	−2	4	4	2	−2	−4	−3	−4	3
(편차)²	4	4	16	16	4	4	16	9	16	9

$$\text{분산}(S^2) = \frac{2^2+(-2)^2+4^2+4^2+2^2+(-2)^2+(-4)^2+(-3)^2+(-4)^2+3^2}{10}$$

$$= \frac{98}{10} = 9.8$$

표준편차$(S) = \sqrt{S^2} = \sqrt{9.8} = \fallingdotseq 3.1$

따라서 분산(S^2)은 9.8이고, 표준편차(S)는 $\sqrt{9.8}$이다. 정리하면 다음과 같다.

$$\text{분산} = \frac{\{(편차)^2의\ 총합\}}{변량의\ 개수}$$

$$\text{표준편차} = \sqrt{(분산)}$$

교과 **분산과 표준편차** 2

다음과 같은 도수분포표에서의 분산과 표준편차는 어떻게 구할까?

독서 시간	학생 수(명)
$0^{이상} \sim 2^{미만}$	3
$2 \sim 4$	5
$4 \sim 6$	8
$6 \sim 8$	7
$8 \sim 10$	2
합계	25

도수분포표로 주어질 때, 분산과 표준편차는 다음과 같은 순서로 구하면 편리하다.

첫째, 평균을 구한다. 구하여 얻은 평균은 $\dfrac{125}{25} = 5$이다.

둘째, 편차를 구한다.

셋째, $(편차)^2$, $(편차)^2 \times (도수)$를 차례로 구한다.

독서 시간	학생 수(명)	계급값	(계급값)×(도수)	편차	(편차)²	(편차)²×(도수)
0이상~2미만	3	1	1×3=3	−4	16	16×3=48
2~4	5	3	3×5=15	−2	4	4×5=20
4~6	8	5	5×8=40	0	0	0×8=0
6~8	7	7	7×7=49	2	4	4×7=28
8~10	2	9	9×2=18	4	16	16×2=32
합계	25		125			128

이때 (편차)²×(도수)의 총합을 전체 도수로 나누면 분산, 분산의 양의 제곱근은 표준편차이다. 따라서 분산 $S^2 = \dfrac{128}{25} = 5.12$이고, 표준편차 $S = \sqrt{5.12}$이다. 정리하면 다음과 같다.

$$\text{분산} = \frac{\{(편차)^2 \times (도수)\}의\ 총합}{(도수)의\ 총합}$$

$$\text{표준편차} = \sqrt{(분산)}$$

피타고라스
정리와 삼각비

정삼각형의 높이를 구할 수 있다고?

$$\overline{PQ} = \sqrt{(x_2-x_1)^2+(y_2-y_1)^2}$$

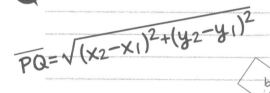

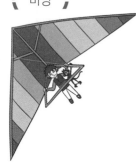

피타고라스 정리와
삼각비

용합 피타고라스 정리의 유래

'피타고라스 정리'는 기원전 500년경에 살았던 고대 그리스의 수학자 피타고라스Pythagoras의 이름에서 유래했다. 왜 이러한 이름이 붙은 것일까? 피타고라스 본인이 피타고라스 정리를 최초로 발견한 사람이기 때문일까? 그렇지는 않다. 고대인들은 피타고라스가 태어나기 이전부터 이미 경험적으로 피타고라스 정리를 알고 있었다고 한다. 그 흔적을 따라가 보자.

미국 컬럼비아 대학교에는 '플림톤 322'라는 점토판이 소장되어 있다. 플림톤 322는 바빌로니아의 점토판으로 바빌로니아 수학에 관한 내용을 담은 것으로 유명하다. 이 점토판은 기원전 1800년경에 쓰여진 것으로 여겨지며, 4개의 열과 15개의 행으로 구성되어 있다. 전문가들은 이 점토판을 피타고라스 정리가 나타난 최초의 기록이라 본다. 플림톤 322 위에 적혀 있는 상당수의 숫자들이 직각삼각형을 만족시키고 있으며 3:4:5와 같은 자연수 형태의 직각삼각형의 변의 길이까지 기록되어 있기 때문이다. 이를 근거로 우리는 피타고라스가 태어나기 이전부터 피타고라스의 정리가 적절히 사용되었음을 알 수 있다.

〈플림톤 322〉

그렇다면 기원전 동아시아에서도 피타고라스 정리에 대한 기록이 있었을까? 물론이다. 동아시아의 역사 속에도 피타고라스 탄생 이전의 피타고라스 정리에 대한 기록이 남아 있다.

중국 한나라 시대의 천문 수학책 『주비산경周髀算經』에 기록되어 있는 '구고현의 정리勾股弦定理'가 바로 그것이다. 여기서 '구고'란 직각삼각형을 가리키는 옛말로, '구'는 직각을 낀 두 변 가운데 짧은 변을, '고'는 긴 변을, 그리고 '현'은 빗변을 가리킨다.

중국의 학자 '진자'는 기원전 3000년경, 그러니까 피타고라스가 태어나기 훨씬 전에 구가 3이고, 고가 4일 때, 현이 5가 된다는 사실을 발견했다. 그래서 구고현의 정리는 '진자의 정리'라고 불리기도 한다.

이처럼 피타고라스 정리는 동서양을 막론하고 피타고라스가 태어나기 이전부터 이미 존재해 왔다. 이제 최초의 질문으로 다시 돌아가 보자.

피타고라스 정리는 왜 그 같은 이름으로 불리게 된 것일까? 그것은 피타고라스가 직각삼각형에서 직각을 낀 두 변의 길이를 각각 a, b라 하고, 빗변의 길이를 c라 할 때 $a^2+b^2=c^2$이 성립한다는 것을 최초로 증명한 사람이기 때문이다. 그러나 안타깝게도 피타고라스의 증명법은 기록으로 전해져 내려오고 있지는 않다.

 ## 피타고라스 정리를 발견하기까지

피타고라스는 피타고라스 정리, 즉 직각을 낀 두 변의 길이를 각각 a, b라 하고, 빗변의 길이를 c라 하면 $a^2+b^2=c^2$이 성립한다는 것을 어떻게 알아냈을까?

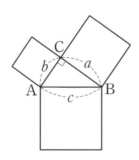

　전해지는 이야기에 따르면 피타고라스의 이 놀라운 발견도 아르키메데스Archimedes의 발견처럼 우연의 산물이었다고 한다. 즉, 아르키메데스가 목욕탕에서 때를 밀다가 우연히 부력의 원리를 발견한 것처럼 피타고라스도 우연히 신전을 산책하다가 바닥에 깔린 보도블럭 타일에서 기묘한 도형을 발견했던 것이다.

　이외에도 아르키메데스와 피타고라스는 발견의 기쁨을 향유하는 방식도 독특했다. 아르키메데스는 부력의 원리를 발견한 기쁨에 옷도 챙겨 입지 않고 "유레카!"를 외치며 뛰쳐나갔고, 피타고라스는 타일이 깔린 신전 바닥에 엎드려 눈물을 흘리며 "아, 신이여! 위대한 발견이여!"를 외치고는 그 같은 발견을 기념하여 황소 100마리를 신에게 바쳤단다.

　그럼 이제 본격적으로 피타고라스의 무릎을 치게 한 신전의 타일을 살펴보도록 하자.

　피타고라스는 다음 그림과 같은 타일 바닥에서 직사각형 3개와 그 안의 직각삼각형을 발견했다. 그리고 그 작은 두 직사각형의 넓이의 합 (2+2=4)은 큰 직사각형의 넓이 4와 같았다.

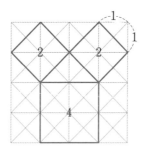

　이것을 근거로 피타고라스는 다음과 같은 피타고라스의 정리를 발견하고 그 증명까지 완성하였다고 한다. 하지만 앞서 얘기했듯이 피타고라스의 증명법은 기록으로 전해져 내려오고 있지 않다.

 ## 피타고라스 정리를 증명하고 싶다고?

　피타고라스의 정리를 증명하는 방법은 수백 가지에 이를 정도로 다양하다. 다른 정리들에 비해서 증명하는 방법이 비교적 간단한 데다 활용 범위가 넓다 보니 오래전부터 많은 사람들의 관심을 끌어왔기 때문이다.

여기서는 그와 같이 다양한 증명법 중에서 가장 많이 쓰이는 몇 가지만
을 살펴보기로 하자.

1. 유클리드의 증명

그리스의 수학자이며 기하학의 입문서라고 할 수 있는『기하학원론』의
저자 유클리드Euclid의 피타고라스 정리 증명법은 다음과 같다.

그림처럼 직각삼각형 ABC에서 빗변 AB를 한 변으로 하는 가장 큰 정
사각형 AFGB의 넓이는 나머지 두 정사각형 BHIC, ACDE의 넓이의 합
과 같다. 즉 □AFGB＝□BHIC＋□ACDE이므로 $\overline{AB}^2 = \overline{BC}^2 + \overline{CA}^2$
이다.

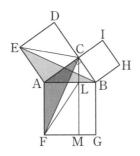

(증명) 직각삼각형 ABC의 각 변을 한 변으로 하는 정사각형 ACDE,
AFGB, BHIC를 그리고, 꼭짓점 C에서 $\overline{AB}$에 내린 수선의 발을 L, 그
연장선과 $\overline{FG}$가 만나는 점을 M이라 한다.

△EAB≡△CAF(SAS합동) … ①

이 때, $\overline{EA}/\!/\overline{DB}$이므로

$\triangle EAC = \triangle EAB \cdots$ ②

또 $\overline{AF} /\!/ \overline{CM}$이므로

$\triangle CAF = \triangle LAF \cdots$ ③

①, ②, ③에 의해 $\triangle EAC = \triangle EAB = \triangle CAF = \triangle LAF$

$\therefore \triangle EAC = \triangle LAF$

이때 $\square ACDE = 2\triangle EAC = 2\triangle LAF = \square AFML$

$\therefore \square ACDE = \square AFML$

같은 방법으로 생각하면 $\square BHIC = \square LMGB$이다.

따라서 $\square AFGB = \square AFML + \square LMGB = \square ACDE + \square BHIC$이므로 $\overline{AB^2} = \overline{BC^2} + \overline{CA^2}$이다.

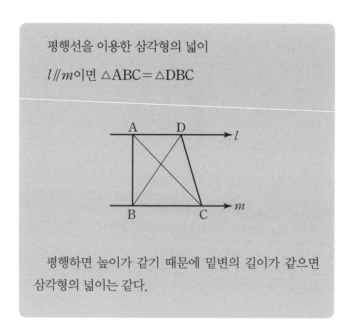

평행선을 이용한 삼각형의 넓이

$l /\!/ m$이면 $\triangle ABC = \triangle DBC$

평행하면 높이가 같기 때문에 밑변의 길이가 같으면 삼각형의 넓이는 같다.

2. 가필드의 증명

미국의 20대 대통령 가필드_{James A. Garfield}는 1876년 상원의원 시절에
사다리꼴을 이용하여 피타고라스 정리를 증명하였다.

다음 그림에서 사다리꼴 넓이 S를 2가지 방법으로 나타낼 수 있다.

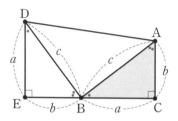

(방법 1) 사다리꼴의 넓이를 구하는 공식에 의해

$$S = \square DECA = \frac{1}{2}(a+b)(a+b) = \frac{1}{2}(a+b)^2$$

(방법 2) 세 삼각형의 넓이의 합을 이용하면 사다리꼴의 넓이

$$S = \triangle DEB + \triangle ABC + \triangle DBA = \frac{1}{2}ab + \frac{1}{2}ab + \frac{1}{2}c^2 = ab + \frac{1}{2}c^2$$

이때 두 넓이는 서로 같으므로

$$\frac{1}{2}(a+b)^2 = ab + \frac{1}{2}c^2$$

$$(a+b)^2 = 2ab + c^2$$

$$a^2 + 2ab + b^2 = 2ab + c^2$$

$$\therefore a^2 + b^2 = c^2$$

3. 바스카라의 증명

12세기 인도의 수학자이며 천문학자인 바스카라Bhaskara의 증명법이다. 다음 그림과 같이 ∠C=90°인 삼각형 ABC와 합동인 삼각형 4개를 이용하여 정사각형 ABCD를 만들어 증명한다.

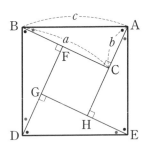

△ABC≡△BDF≡△DEG≡△EAH(SAS합동)이므로 $\overline{AC}=\overline{BF}=\overline{DG}=\overline{EH}=b$이고, $\overline{BC}=\overline{DF}=\overline{EG}=\overline{AH}=a$이다.

이때 $\overline{FG}=\overline{GH}=\overline{HC}=\overline{CF}=a-b$이므로 □FGHC는 한 변의 길이가 $(a-b)$인 정사각형이다.

∴ □ABDE=□FGHC+4△ABC

이때 □ABDE=c^2, □FGHC=$(a-b)^2$, △ABC=$\frac{1}{2}ab$이므로

□ABDE=□FGHC+4△ABC

$c^2=(a-b)^2+4\times\frac{1}{2}ab$, $c^2=a^2-2ab+b^2+2ab$

∴ $c^2=a^2+b^2$

4. 닮음을 이용한 증명

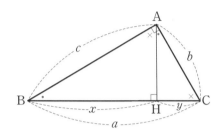

△ABC와 △HBA에서 △ABC∽△HBA(AA닮음) ⋯ ①

△ABC와 △HAC에서 △ABC∽△HAC(AA닮음) ⋯ ②

이때 닮음비가 일정하므로

①에서 $\overline{AB} : \overline{HB} = \overline{BC} : \overline{BA}$이므로

$\qquad c : x = a : c \qquad \therefore c^2 = ax \cdots$ ③

②에서 $\overline{AC} : \overline{HC} = \overline{BC} : \overline{AC}$이므로

$\qquad b : y = a : b \qquad \therefore b^2 = ay \cdots$ ④

③+④에서

$c^2 + b^2 = ax + ay$

$c^2 + b^2 = a(x+y) = a^2 \qquad \therefore a^2 = b^2 + c^2$

그림으로 피타고라스 정리를 확인해 보자

"아는 만큼 보인다."는 말을 들어본 적 있을지 모르겠다. 『나의 문화유산답사기』의 저자 유홍준 교수는 "인간은 아는 만큼 느낄 뿐이며, 느낀 만큼 보인다."고도 했다. 피타고라스 정리 또한 마찬가지이다. 피타고라스 정리를 알아야 비로소 보이는 것들이 있다. 그것들을 차례로 살펴보자.

다음 그림처럼 직각삼각형에서 직각을 낀 두 변을 각각 한 변으로 하는 정사각형의 합과 빗변을 한 변으로 하는 정사각형의 넓이가 같듯이 정삼각형, 정오각형, 반원의 경우에서도 여지없이 $S_1 + S_2 = S_3$가 성립한다.

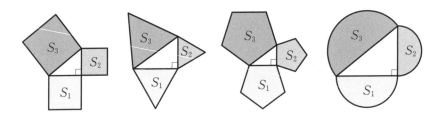

또 다음 그림에서처럼 직각삼각형 ABC의 세 변을 지름으로 하는 반원을 그렸을 때, 2개의 초승달 모양의 넓이의 합은 직각삼각형 ABC의 넓이와 같다.

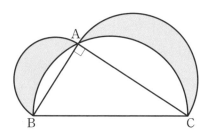

(색칠한 부분의 넓이, 즉 두 초승달 모양의 넓이의 합)$=\triangle\mathrm{ABC}$

결과가 의심스럽다면 어디 한번 확인해 보자.

다음 그림에서 두 초승달 넓이의 합은 다음과 같다.

$$S_1+S_2=(A_1+A_2)+\triangle\mathrm{ABC}-A_3$$
$$=A_3+\triangle\mathrm{ABC}-A_3=\triangle\mathrm{ABC}=S_3$$

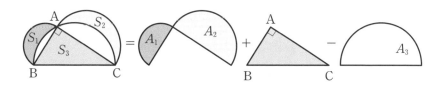

따라서 2개의 초승달 모양의 넓이 합 S_1+S_2는 삼각형 넓이 S_3와 같다.

$$S_1+S_2=S_3$$

참고로 고대 그리스 수학자 히포크라테스가 위와 같은 초승달 모양의 도형을 보고 $S_1 + S_2 = S_3$임을 알았다 하여 이를 '히포크라테스의 초승달'이라고 부르기도 하니 기억해 두도록 하자.

피타고라스 정리가 어디에 쓰여?

컴퓨터는 이제 현대인들의 필수품이 되었다. 그 이유가 무엇일까? 아마도 컴퓨터의 다양한 활용 범위 덕분일 것이다. 우리는 컴퓨터를 사용해 이메일을 보내고 사진을 보정할 수 있으며 물건도 쉽게 사고팔 수 있다. 이처럼 컴퓨터를 이용하면 참으로 다양한 일을 쉽게 해낼 수 있기 때문에 우리는 누구나 컴퓨터 사용법을 배운다.

우리가 피타고라스 정리를 배우는 이유도 이와 마찬가지이다. 컴퓨터처럼 피타고라스 정리도 그 활용 범위가 아주 넓고 다양하다. 피타고라스 정리를 이용하면 대각선의 길이도 구할 수 있고, 정삼각형의 높이, 두 점 사이의 거리, 뿔의 높이, 부피 등을 쉽게 구할 수 있다.

자, 지금부터 피타고라스 정리의 다양한 활용을 배워 보도록 하자.

대각선의 길이를 구할 수 있어(평면도형)

우리 친구 생강이 고래에게 다급한 목소리로 도움을 청했다.

"큰 맘 먹고 새 책상을 샀는데 책상 크기가 현관문보다 더 커서 들어가 지를 않아!! 어떻게 해야 할까? 도와주라!"

그렇다. 이사할 때나 새로운 가구를 샀을 때 현관문의 크기보다 가구 가 더 크다면 참으로 곤란해진다. 접거나 분해할 수 있는 물건이라면 모 를까 단단한 장롱이나 책상처럼 원체 그 크기가 거대한 가구라면 난감하 지 않을 수 없는 것이다. 그런데 생강은 고래 덕분에 현관문보다 큰 책상 을 무사히 집안으로 들여놓을 수 있었다고 한다. 어떻게 그런 일이 가능 했을까? 그것은 고래의 수학 실력, 그러니까 고래가 수학을 좋아하는 덕 분에 대각선의 비밀을 잘 알고 있었기 때문이다.

직사각형의 대각선의 길이는 가로, 세로의 길이보다 더 길다. 그래서 집 안에 들여놓아야 하는 가구의 크기가 현관문의 가로, 세로 길이보다 크다고 하더라도 현관문 대각선의 길이보다 짧다면 가구를 기울여 집 안에 들여놓을 수 있다. 키가 큰 사람이 비좁은 방에 누울 때 대각선으로 자리를 잡는 것도 이러한 이유에서다.

다시 생강이 처한 문제로 돌아가 보자.

고래는 생강의 새 책상이 대각선 방향으로 현관문을 통과할 수 있을지를 알아내기 위해 현관문의 대각선 길이를 구할 필요가 있었다. 고래를 위해 대각선의 길이를 구하는 방법을 알아보도록 하자.

다음 그림과 같이 가로와 세로의 길이가 각각 a, b인 직사각형의 대각선 길이 l을 구해 보면 우선 직사각형의 반쪽인 $\triangle ABC$는 직각삼각형이므로 피타고라스 정리에 의하여 $l^2 = a^2 + b^2$이다. 그런데 $l > 0$이므로 $l = \sqrt{a^2 + b^2}$이다.

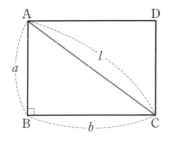
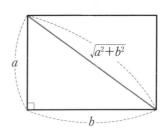

특히 한 변의 길이가 a인 정사각형의 대각선의 길이 l은 다음과 같다.

$$l = \sqrt{a^2 + b^2} = \sqrt{2a^2} = \sqrt{2}\,a$$

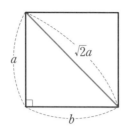

자! 이젠 피타고라스 정리를 이용하면 대각선의 길이를 구할 수 있다
는 것 기억해 두기로 하자.

 정삼각형의 높이를 구할 수 있어

"밑변의 길이가 4cm, 높이가 5cm인 삼각형의 넓이는?" 하고 물으
면 초등학교 고학년 어린이도 쉽게 "삼각형의 넓이 S는 $\frac{1}{2} \times$ (밑변의 길
이)$\times$(높이)이므로 $\frac{1}{2} \times 4 \times 5 = 10\text{cm}^2$"라고 답할 수 있을 것이다.

하지만 초등학생 어린이에게 한 변의 길이가 6cm인 정삼각형의 넓이
를 묻는다면 높이를 모르는데 어떻게 삼각형의 넓이를 구할 수 있느냐고
반문할 것이 틀림없다. 이 꼬마 친구들은 피타고라스 정리를 배우지 않았
으니 어쩔 수 없지만 우리 친구들은 피타고라스 정리를 이용하여 한 변의
길이가 6cm인 정삼각형의 넓이도 구할 줄 알아야 한다.

자! 피타고라스 정리를 이용하여 다음 그림과 같이 한 변의 길이가
6cm인 정삼각형의 넓이를 구해 보자.

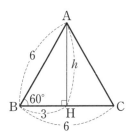

꼭짓점 A에서 밑변 BC에 내린 수선의 발을 H라 하면 점 H는 $\overline{BC}$의 중점이므로 $\overline{BH}=\dfrac{1}{2}\overline{BC}=3cm$이다. 이때 삼각형 ABH는 직각삼각형이므로 피타고라스 정리에 의하여 다음과 같다.

$$3^2+h^2=6^2,\ h^2=6^2-3^2=27 \qquad \therefore h=\pm\sqrt{27}=\pm3\sqrt{3}$$

그런데 $h>0$이므로 $h=3\sqrt{3}cm$이다. 따라서 정삼각형 ABC의 넓이 $S=\dfrac{1}{2}\times\overline{BC}\times\overline{AH}=\dfrac{1}{2}\times6\times3\sqrt{3}=9\sqrt{3}cm^2$임을 알 수 있다.

이와 같은 방법으로 한 변의 길이가 a인 정삼각형의 넓이도 구해 보자.

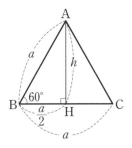

$$\left(\dfrac{a}{2}\right)^2+h^2=a^2,\ h^2=a^2-\dfrac{a^2}{4}=\dfrac{3}{4}a^2$$

그런데 $h>0$, $a>0$이므로 $h=\sqrt{\dfrac{3}{4}a^2}=\dfrac{\sqrt{3}}{2}a$이다.

이때 정삼각형 ABC의 넓이 $S=\dfrac{1}{2}\times\overline{BC}\times\overline{AH}=\dfrac{1}{2}\times a\times\dfrac{\sqrt{3}}{2}a=$ $\dfrac{\sqrt{3}}{4}a^2$이다. 따라서 한 변의 길이가 a인 정삼각형의 높이는 $\dfrac{\sqrt{3}}{2}a$, 넓이는 $\dfrac{\sqrt{3}}{4}a^2$이다.

 ## 교과 특수한 직각삼각형의 길이를 구할 수 있어

직각삼각형 중에는 아주 특별한 모양이 있다. 다음 그림과 같이 한 내각의 크기가 45°인 직각이등변삼각형이나 한 내각의 크기가 30°, 60°인 직각삼각형이 바로 그것이다.

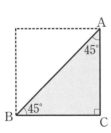 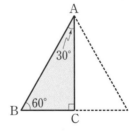

이와 같은 모양의 직각삼각형들은 세 변의 길이의 비가 일정하다는 특징을 가지고 있다. 때문에 한 변의 길이만 알면 나머지 두 변의 길이를

자연스럽게 구할 수 있다는 장점이 있다. 즉, 세 변의 길이의 비를 이용하여 한 변만 알아도 나머지 두 변의 길이를 구할 수 있는 것이다. 그 과정을 꼼꼼히 따라가 보자.

다음 그림과 같이 한 변의 길이가 a인 직각이등변 삼각형의 경우 피타고라스 정리에 의하여 $\overline{AB}=\sqrt{a^2+a^2}=\sqrt{2a^2}=\sqrt{2}a$이므로 세 변의 길이의 비 $\overline{BC}:\overline{CA}:\overline{AB}=a:a:\sqrt{2}a=1:1:\sqrt{2}$이다.

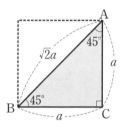

또 다음 그림과 같이 한 변의 길이가 a인 정삼각형의 절반에서 태어나는 30°, 60°, 90°인 직각삼각형의 경우 피타고라스 정리에 의하여 $\overline{AC}=\sqrt{(2a)^2-a^2}=\sqrt{3a^2}=\sqrt{3}a$이므로 $\overline{BC}:\overline{CA}:\overline{AB}=a:\sqrt{3}a:2a=1:\sqrt{3}:2$이다.

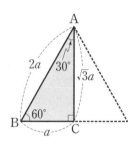

이상의 내용을 정리하면 한 내각의 크기가 45°인 직각이등변 삼각형의 경우, 세 변의 길이의 비는 $1 : 1 : \sqrt{2}$이고, 한 내각의 크기가 30°인 직각 삼각형의 경우에는 세 변의 길이의 비가 $1 : \sqrt{3} : 2$이다.

참고로 각의 크기가 클수록 대변의 길이는 길기 때문에 30°의 대변 a보다는 60°의 대변 $\sqrt{3}a$가 더 길다는 것을 기억해 두자.

 ## 두 점 사이의 거리를 구할 수 있어

두 점 사이의 거리가 궁금할 때도 피타고라스 정리는 유용하게 사용된다.

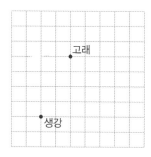

생강의 집에서 고래의 집까지의 최단거리가 궁금하다고? 그렇다면 일단 다음 그림처럼 두 점의 위치를 좌표평면 위에 나타내도록 한다.

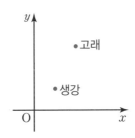

그런 다음 두 점을 선분으로 잇고, 그 선분을 빗변으로 하는 직각삼각형을 그린다.

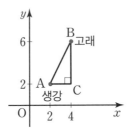

이때 생강의 위치는 $A(2, 2)$이고, 고래의 위치는 $B(4, 6)$이므로 $\overline{AC} = 4-2 = 2$, $\overline{BC} = 6-2 = 4$이다. 이 때 피타고라스 정리에 의해 $\overline{AB^2} = \overline{AC^2} + \overline{BA^2} = 2^2 + 4^2 = 20$이므로 $\overline{AB} = \sqrt{20} = 2\sqrt{5}(\because \overline{AB} > 0)$이다. 따라서 생강의 집에서 고래의 집까지의 최단거리는 $2\sqrt{5}$이다.

일반적으로 두 점 $P(x_1, y_1)$, $Q(x_2, y_2)$ 사이의 거리
$$\overline{PQ} = \sqrt{(x_2 - x_1)^2 + (y_2 - y_1)^2}$$이다.

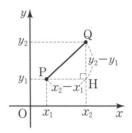

한편, 다음 그림과 같은 두 점사이의 거리 $\overline{\mathrm{OP}}=\sqrt{x_1^2+y_1^2}$이다.

왜냐하면 $P(x_1,\ y_1)$, $Q(0,\ 0)$에서 $\overline{\mathrm{OP}}=\sqrt{(x_1-0)^2+(y_1-0)^2}$
$=\sqrt{x_1^2+y_1^2}$이므로 그렇다.

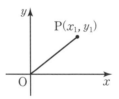

$$\overline{\mathrm{OP}}=\sqrt{x_1^2+y_1^2}$$

교과 대각선의 길이를 구할 수 있어(입체도형)

원기둥 모양의 유리잔에 우유를 가득 담고 숟가락을 넣었을 때 숟가락
이 잔 속으로 쑤욱 빠져 버리는 경우가 있다. 원기둥이나 직육면체 모양

의 통에 연필을 넣을 때도 마찬가지다. 몽당연필들은 통 속에 빠지기 일
쑤다. 때문에 통이나 잔에 연필이나 숟가락을 넣을 때는 용기에 빠지지
않을 만한 길이의 연필과 숟가락을 준비해야 한다. 그렇다면 어떤 숟가
락과 연필이 용기에 빠지지 않을지를 어떻게 가늠할 수 있을까? 생각보
다 간단하다. 숟가락이나 연필의 길이가 그것들을 담을 용기의 대각선의
길이보다 길기만 하면 되기 때문이다.

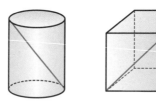

그렇다면 이와 같은 입체도형에서의 대각선의 길이는 어떻게 구할까?
자, 다음 그림과 같이 세 모서리의 길이가 각각 a, b, c인 직육면체의 대
각선 길이 l을 구해 보자.

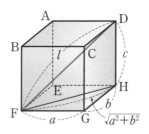

삼각형 FGH는 ∠G＝90°인 직각삼각형이므로 피타고라스 정리에 의

하여 $\overline{\mathrm{FH}}^2=a^2+b^2$이다. 또한 삼각형 DFH는 $\angle\mathrm{DHF}=90^\circ$인 직각삼각형이므로 피타고라스 정리에 의하여 $l^2=\overline{\mathrm{FH}}^2+\overline{\mathrm{DH}}^2=(a^2+b^2)+c^2=a^2+b^2+c^2$이다. 그런데 $l>0$이므로 $l=\sqrt{a^2+b^2+c^2}$이다. 특히 한 모서리의 길이가 a인 정육면체의 대각선의 길이 l은 다음과 같다.

$$l=\sqrt{a^2+b^2+c^2}=\sqrt{3a^2}=\sqrt{3}a$$

간단히 정리하면 세 모서리의 길이가 각각 a, b, c인 직육면체의 대각선 길이는 $\sqrt{a^2+b^2+c^2}$이고, 한 모서리의 길이가 a인 정육면체의 대각선의 길이는 $\sqrt{3}a$이다.

교과 뿔의 높이와 부피를 구할 수 있어

첫째, 정사면체의 높이와 부피를 구해 보자.

다음 그림과 같이 한 모서리의 길이가 a인 정사면체가 있을 때 $\triangle\mathrm{AHD}$에서 $\angle\mathrm{AHD}=90^\circ$이므로 $\overline{\mathrm{AH}}=h$라 하면 피타고라스 정리에 의하여 $h^2+\overline{\mathrm{DH}}^2=a^2 \cdots$ ①

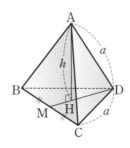

여기서 잠깐 $\overline{\mathrm{DH}}$를 구하기 위해 정사면체의 밑면인 정삼각형 BCD를 뚝 떼어 생각해 보자. 정삼각형 BCD에서 $\overline{\mathrm{BM}}=\dfrac{1}{2}a$이고, $\overline{\mathrm{DM}}$은 정삼각형의 높이이므로 $\overline{\mathrm{DM}}=\dfrac{\sqrt{3}}{2}a$이다.

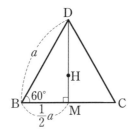

또 점 H는 정삼각형 BCD의 무게중심이므로 $\overline{\mathrm{DH}}=\dfrac{2}{3}\overline{\mathrm{DM}}=\dfrac{2}{3}\times\dfrac{\sqrt{3}}{2}a=\dfrac{\sqrt{3}}{3}a \cdots$ ②

이제 ②를 ①에 대입하면 정사면체의 높이 h를 구할 수 있다.

$$h^2+\left(\dfrac{\sqrt{3}}{3}a\right)^2=a^2$$

$$h^2=a^2-\dfrac{1}{3}a^2=\dfrac{2}{3}a^2$$

$h>0$이므로 $h=\sqrt{\dfrac{2}{3}}a=\dfrac{\sqrt{6}}{3}a$

또 정사면체의 부피 $V=\dfrac{1}{3}\times(밑넓이)\times(높이)=\dfrac{1}{3}\times\triangle\mathrm{BCD}\times\overline{\mathrm{AH}}$

이므로 $V=\dfrac{1}{3}\times\left(\dfrac{1}{2}\times a\times\dfrac{\sqrt{3}}{2}a\right)\times\dfrac{\sqrt{6}}{3}a=\dfrac{\sqrt{2}}{12}a^3$이다.

따라서 한 모서리의 길이가 a인 정사면체의 높이를 h, 부피를 V라 하면, $h=\dfrac{\sqrt{6}}{3}a$, $V=\dfrac{\sqrt{2}}{12}a^3$이다.

둘째, 정사각뿔의 높이와 부피를 구해 보자.

다음 그림과 같이 한 변의 길이가 a인 정사각형을 밑면으로 하고 옆면의 모서리의 길이가 b인 정사각뿔이 있을 때 정사각뿔의 밑면 □ABCD가 정사각형이므로 대각선 $\overline{AC}=\sqrt{2}a$이다.

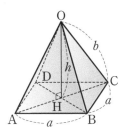

또 꼭짓점 O에서 밑면에 내린 수선의 발 H는 밑면인 정사각형 ABCD의 대각선의 중점을 지나므로 $\overline{HC}=\dfrac{1}{2}\overline{AC}=\dfrac{\sqrt{2}}{2}a$이다. 이때 OHC는 직각삼각형이므로 피타고라스 정리에 의하여 다음과 같다.

정사각뿔의 높이 : $\overline{OH}=h=\sqrt{b^2-\left(\dfrac{\sqrt{2}}{2}a\right)^2}=\sqrt{b^2-\dfrac{a^2}{2}}$

정사각뿔의 부피 : $V=\dfrac{1}{3}\times(\text{밑넓이})\times(\text{높이})=\dfrac{1}{3}a^2h$
$$=\dfrac{1}{3}a^2\sqrt{b^2-\dfrac{a^2}{2}}$$

셋째, 원뿔의 높이와 부피를 구해 보자.

다음 그림과 같이 밑면의 반지름의 길이가 r, 모선의 길이가 l인 원뿔이 있을 때 원뿔의 높이를 h라 하면 $\triangle AOB$는 직각삼각형이므로 $l^2=h^2+r^2$, $h^2=l^2-r^2$이다. $h>0$이므로 원뿔의 높이 $h=\sqrt{l^2-r^2}$, 또 원뿔의 부피 $V=\dfrac{1}{3}\times(밑넓이)\times(높이)=\dfrac{1}{3}\times\pi r^2\times h=\dfrac{1}{3}\pi r^2h=\dfrac{1}{3}\pi r^2\sqrt{l^2-r^2}$ 이다.

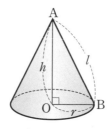

이처럼 피타고라스의 정리는 평면도형, 입체도형 할 것 없이 도형의 길이나 넓이, 부피 등을 구하는 데 적절하게 활용되고 있다.

삼각법은 뭐야?

이름에서도 알 수 있듯 삼각법과 삼각비는 삼각형에 바탕을 두고 있는 개념이다. 세 각을 측정한다는 것을 의미하는 '삼각법 Trigonometry'은 삼각형의 변과 각 사이의 관계를 따지는 데서 태어났고, '삼각비'는 직각삼각형의 세 변 중 두 변의 길이의 비를 생각해 보는 데서 태어났다.

여기서 우리는 삼각법의 대상은 삼각형이고, 삼각비의 대상은 직각삼각형임을 알 수 있다. 그런데 직각삼각형은 삼각형에 속하므로 삼각법은 삼각비를 품고 있다 할 수 있겠다.

이러한 삼각법은 처음에는 측량 응용 분야를 위해 사용되었다가 점점 측지학, 항해술, 천문학, 지구물리학 등으로 그 범위를 확장하여 활용되고 있다. 삼각법을 좀 더 구체적으로 알아보자.

삼각형에는 세 변의 길이와 세 각의 크기가 있다. 이것을 '삼각형의 6요소'라고 한다. 이 같은 6요소 중 적절한 세 변의 길이가 주어지거나, 한 변의 길이와 양 끝 각의 크기가 주어지거나 또는 두 변의 길이와 그 끼인각의 크기가 주어지면 그 삼각형은 하나로 결정된다. 이를 '삼각형의 결정조건'이라고 한다. 삼각법은 이 같은 삼각형의 6요소 중 3요소가 주어졌을 때 나머지 3요소를 구하는 것을 일컫는다.

삼각법은 언제 누구로부터 시작되었을까?

전해지는 이야기에 따르면 우리 인류는 아주 오래 전부터 삼각법을 알고 있었다고 한다. 기원전 2세기경 그리스의 천문학자

아리스타르코스Aristarchos가 태양에서 지구까지의 거리를 구하는 데에 삼각법을 사용하였고, 삼각법의 아버지로 불리는 그리스의 또 다른 천문학자 히파르코스Hipparchos도 두 별 사이의 거리를 구할 때 삼각법을 사용했다고 하니 삼각법의 탄생 이후로 참으로 오랜 시간이 지난 셈이다.

교과 삼각비는 뭐야?

삼각형, 사각형, 오각형, …을 통틀어 '다각형'이라고 부른다. 이러한 다각형들은 각자 나름대로의 성질을 가지고 있다. 여기서는 직각삼각형의 특별한 성질을 자세히 살펴보기로 하자.

첫째, 직각삼각형은 직각을 낀 두 변의 길이의 제곱의 합은 빗변의 길이의 제곱과 같다는 피타고라스 정리가 성립한다. 즉 $a^2 + b^2 = c^2$이다.

둘째, 직각삼각형은 변의 길이와 각의 크기 사이에 특별한 관계가 있다. 다시 말해 직각삼각형은 직각이 아닌 다른 한 예각의 크기가 정해지면 직각삼각형의 크기에 상관없이 두 변의 길이의 비는 항상 일정하다. 따라서 다음 그림처럼 ∠A의 크기가 정해진 직각삼각형의 경우 각각 2개의 변을 뽑아 만든 비 $\dfrac{a}{c} = \dfrac{a_1}{c_1}$, $\dfrac{b}{c} = \dfrac{b_1}{c_1}$, $\dfrac{a}{b} = \dfrac{a_1}{b_1}$임을 알 수 있다.

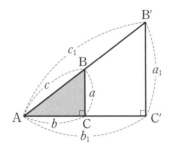

일반적으로 ∠A를 공통으로 하는 직각삼각형은 모두 닮은 도형이므로 대응하는 변의 길이의 비는 서로 같게 된다. 이때 일정한 비의 값 $\frac{a}{c}$, $\frac{b}{c}$, $\frac{a}{b}$ 를 각각 ∠A의 sin[싸인], cos[코싸인], tan[탄젠트]라 한다. 즉 ∠C＝90°인 직각삼각형 ABC에서 다음과 같다.

$$\sin A = \frac{a}{c} = \frac{\text{높이}}{\text{빗변의 길이}}$$

$$\cos A = \frac{b}{c} = \frac{\text{밑변의 길이}}{\text{빗변의 길이}}$$

$$\tan A = \frac{a}{b} = \frac{\text{높이}}{\text{밑변의 길이}}$$

그리고 sin$A$, cos$A$, tan$A$를 통틀어 ∠A의 삼각비라고 부른다.

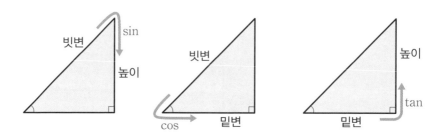

여기서 sin, cos, tan는 각각 sine, cosine, tangent의 약자이고,
A는 ∠A의 크기를 나타낸다.

참고로 직각삼각형의 세 변 중 직각과 마주보고 있는 변을 '빗변'이라
하고, 빗변이 아닌 두 변을 각각 '밑변'과 '높이'라고 한다. 이때 밑변과 높
이는 다음 그림처럼 기준을 잡는 각에 따라 변한다. 때때로 바닥에 누워
있는 변을 항상 밑변이라고 생각하고, 반듯하게 세워져 있는 변은 항상
높이라고 생각하는 친구들이 있는데 밑변과 높이는 고정되어 있는 것이
아니니 주의하도록 하자.

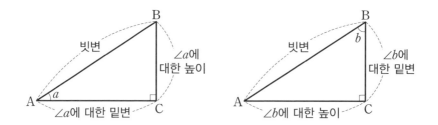

혹시 앞에서 언급한 삼각비 $\frac{a}{c}$, $\frac{b}{c}$, $\frac{a}{b}$ 이외에 $\frac{c}{a}$, $\frac{c}{b}$, $\frac{b}{a}$의 이름을 궁금해 하는 친구가 있을지도 모르겠다. 이참에 $\frac{c}{a}$, $\frac{c}{b}$, $\frac{b}{a}$의 이름도 알아두기로 하자. $\frac{c}{a}$, $\frac{c}{b}$, $\frac{b}{a}$는 $\frac{a}{c}$, $\frac{b}{c}$, $\frac{a}{b}$의 역수로 그것의 이름 각각을 cosec(＝csc)[코씨컨트], sec[시컨트], cot[코탄젠트]라고 한다. 이것들은 고등학교에 들어가면 만나게 될 것이다.

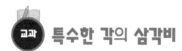 **특수한 각의 삼각비**

특수한 각이라 함은 수학적으로 특별한 의미를 가지는 각으로 보통 $0°$, $30°$, $45°$, $60°$, $90°$와 같은 각을 말한다. 이런 특수각 중 $30°$, $45°$, $60°$에 대한 삼각비를 알아보자. 미리 말해 두지만 이런 특수각에 대한 삼각비는 활용도가 높으므로 기억해 두는 것이 좋다.

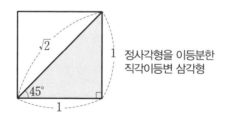

정사각형을 이등분한
직각이등변 삼각형

위의 그림처럼 한 변의 길이가 1인 정사각형을 이등분하여 만든 직각이등변 삼각형은 피타고라스 정리에 의하여 정사각형의 대각선의 길이는 $\sqrt{2}$이다. 따라서 45°의 삼각비 $\sin45° = \dfrac{1}{\sqrt{2}}$, $\cos45° = \dfrac{1}{\sqrt{2}}$, $\tan45° = 1$이다.

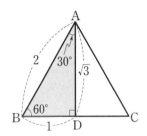

또 위의 그림처럼 한 변의 길이가 2인 정삼각형을 이등분하여 만든 직각삼각형 역시 피타고라스 정리에 의하여 정삼각형 높이는 $\sqrt{3}$이다.

따라서 30°, 60°의 삼각비의 값은 다음과 같다.

$$\sin30° = \dfrac{1}{2},\ \cos30° = \dfrac{\sqrt{3}}{2},\ \tan30° = \dfrac{1}{\sqrt{3}}$$

$$\sin60° = \dfrac{\sqrt{3}}{2},\ \cos60° = \dfrac{1}{2},\ \tan60° = \sqrt{3}$$

이상을 정리해 보자.

특수한 각 30°, 45°, 60°의 삼각비의 값

삼각비 \ A	30°	45°	60°
$\sin A$	$\dfrac{1}{2}$	$\dfrac{1}{\sqrt{2}}$	$\dfrac{\sqrt{3}}{2}$
$\cos A$	$\dfrac{\sqrt{3}}{2}$	$\dfrac{1}{\sqrt{2}}$	$\dfrac{1}{2}$
$\tan A$	$\dfrac{1}{\sqrt{3}}$	1	$\sqrt{3}$

특히 삼각비 사이에 있는 다음과 같은 관계를 알고 있으면 여러모로 편리하다.

$$\sin A = \cos(90°-A) \ (\text{단, } 0° \leq A \leq 90°)$$

$$\tan A = \frac{\sin A}{\cos A}$$

예를 들어 보자.

$$\sin 30° = \cos(90° - 30°) = \cos 60°,\ \sin 45° = \cos 45°,\ \sin 60° = \cos 30°$$

$$\tan 30° = \frac{\sin 30°}{\cos 30°},\ \tan 45° = \frac{\sin 45°}{\cos 45°},\ \tan 60° = \frac{\sin 60°}{\cos 60°}$$

지금까지 언급되지 않았던 특수각 0°, 90°에 대한 삼각비는 추후에 다시 살펴보기로 하자.

 ## 삼각비의 유용성은 뭐지?

피타고라스 정리가 유용한 이유는 두 변의 길이만이 주어진 직각삼각형에서 나머지 한 변의 길이를 쉽게 구할 수 있기 때문이다. 그렇다면 삼각비의 유용성은?

삼각비는 직각이 아닌 한 각과 한 변의 길이만이 주어진 직각삼각형에서 다른 두 변의 길이를 쉽게 구할 수 있다는 점이 유용하다. 피타고라스 정리나 삼각비 모두 직각삼각형에 적용되는 법칙임을 잊지 말자. 그럼 삼각비를 활용하여 직각삼각형의 두 변의 길이를 쉽게 구해 보자.

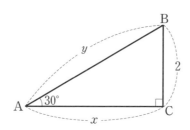

앞 그림에서 $\sin 30° = \dfrac{2}{y}$ 이므로 $y = \dfrac{2}{\sin 30°} = 2 \div \sin 30°$

따라서 $y = 2 \div \dfrac{1}{2} = 2 \times 2 = 4$

또 $\tan 30° = \dfrac{2}{x}$ 이므로 $x = \dfrac{2}{\tan 30°} = 2 \div \tan 30°$

따라서 $x = 2 \div \dfrac{1}{\sqrt{3}} = 2 \times \sqrt{3} = 2\sqrt{3}$

어떤가? 직각삼각형에서 직각이 아닌 한 각 30°와 한 변의 길이 2만이 주어졌을 뿐인데 다른 두 변의 길이가 단숨에 구해진다. 물론 이러한 삼각비의 활용이 특수각에만 적용되는 것은 아니다. 특수각이 아닌 각의 경우에도 삼각비를 활용해 두 변의 길이를 구할 수 있다.

바로 이어지는 다음 장에서 살펴보기로 하자.

 **교과 예각의 삼각비의 값을 구할 수 있다**

반지름의 길이가 1인 사분원을 이용하여 임의의 예각 a에 대한 삼각비를 구해 보면 다음과 같다.

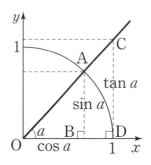

$$\sin a = \frac{\overline{AB}}{\overline{OA}} = \frac{\overline{AB}}{1} = \overline{AB}$$

$$\cos a = \frac{\overline{OB}}{\overline{OA}} = \frac{\overline{OB}}{1} = \overline{OB}$$

$$\tan a = \frac{\overline{CD}}{\overline{OD}} = \frac{\overline{CD}}{1} = \overline{CD}$$

때문에 각의 크기에 상관없이, 즉 특수한 각이 아니더라도 $\overline{AB}$, $\overline{OB}$, $\overline{CD}$의 길이만 알면 예각의 삼각비 값을 얼마든지 구할 수 있다.

다시 말해서 $\sin a$는 빗변의 길이가 1인 직각삼각형 AOB에서 높이 $\overline{AB}$와 같고, $\cos a$는 밑변 $\overline{OB}$와 같으며, $\tan a$는 밑변의 길이가 1인 직각삼각형 COD에서 높이 $\overline{CD}$와 같다. 때문에 다음 그림처럼 직각삼각형 AOB에서 ∠AOB의 크기가 0°에 가까워지면 $\overline{AB}$의 길이와 $\overline{CD}$의 길이는 0에 가까워지고, $\overline{OB}$의 길이는 1에 가까워지므로 다음이 성립된다.

$$\sin 0° = \overline{AB} = 0$$
$$\cos 0° = \overline{OB} = 1$$
$$\tan 0° = \overline{CD} = 0$$

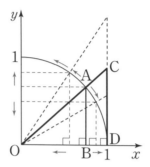

또 ∠AOB의 크기가 90°에 가까워지면 $\overline{AB}$의 길이는 1에 가까워지고, $\overline{OB}$의 길이는 0에 가까워지므로 $\sin 90° = \overline{AB} = 1$, $\cos 90° = \overline{OB} = 0$이다. 하지만 ∠AOB의 크기가 90°에 가까워지면 $\overline{CD}$의 길이는 한없이 커지므로 $\tan 90°$의 값은 정하기가 불가능하다. 이로써 특수한 각 0°, 30°, 45°, 60°, 90°의 삼각비의 값을 모두 배웠으니 이제 우리 친구들이 기억할 일만 남았다.

참고로 다음 그림처럼 하나의 원을 직교하는 두 지름으로 나눈 네 부분 중 한 부분을 '사분원'이라고 한다.

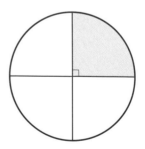

삼각비의 표도 직접 만들 수 있다고?

앞선 장에서 우리는 반지름이 1인 사분원을 이용하면 누구나 예각에 대한 삼각비의 값을 구할 수 있다는 것을 공부했다. 그러나 이론상으로 가능하다고 해서 쉽게 도전할 만한 일은 아닌 것이 삼각비의 값을 반올림하여 소수 넷째짜리까지 알아내기가 쉽지 않기 때문이다. 그래서 우리는 이미 만들어 놓은 삼각비를 이용할 줄 알아야 한다. 즉, 교과서에 부록으로 실려 있는 삼각비 표, 다시 말해 0°부터 90° 사이의 각을 1° 간격으로 나누어 삼각비의 근삿값을 일일이 나타낸 표를 활용해야 하는 것이다.

삼각비의 표로 $\sin 10°$를 구하고 싶다면 다음 삼각비의 표에서처럼 10°의 가로줄과 sin의 세로줄이 만나는 곳에 있는 수 0.1736을 읽으면 된다. 그것이 바로 $\sin 10°$의 값이다.

각도	sin	cos	tan
⋮	⋮	⋮	⋮
10°	0.1736	0.9848	0.1763
⋮	⋮	⋮	⋮
20°	0.3420	0.9397	0.3640
⋮	⋮	⋮	⋮
30°	0.5000	0.8660	0.5774

이런 방법으로 다른 삼각비의 값을 구하면 cos20°의 값은 0.9397, tan30°의 값은 0.5774이다.

삼각비의 표는 0°에서 90°까지의 삼각비의 값이 1° 단위로 실려 있고, 대부분 소수 다섯째자리에서 반올림한 근삿값이지만 삼각비의 값을 나타낼 때에는 기호 ≒를 쓰지 않고 편의상 등호 ＝를 쓴다. 예를 들어 sin10°≒0.1736이지만 sin10°＝0.1736로 나타낸다.

참고로 삼각비의 표를 이용하여 삼각비의 값의 변화를 살펴보면 아래 그림과 같다.

아래 그림에서와 같이 ∠x의 크기가 0°에서 90°로 증가할 때 sin$x$는 0에서 1로 점점 증가하고, cos$x$는 1에서 0으로 점점 감소하며 tan$x$는 0에서 무한히 증가한다. 기억해 두도록 하자.

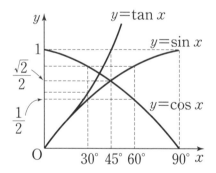

삼각비의 2대 역할

삼각비는 어디에 활용될까?

첫째, 거리와 높이를 구할 수 있다.

용문사에 있는 은행나무의 키가 궁금하다거나 서울에 있는 63빌딩의 높이가 궁금하다면 나무에 오르거나 인터넷을 검색하기 전에 각의 크기를 재는 기구 클리노미터부터 꺼내들자. 높이가 궁금한데 왜 각의 크기를 재느냐고 반문하는 친구들도 있을 것이다. 하지만 각의 크기를 알면 삼각비를 이용하여 거리를 구할 수 있으므로 각의 크기를 아는 것이 우선이다.

다음 그림과 같이 일정한 거리를 두고 올려다본 대상의 각의 크기를 쟀다고 해보자.

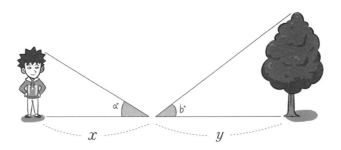

이때 사람의 키는 $x \times \tan a$이고, 나무의 높이는 $y \times \tan b$이다. 이처럼 각의 크기를 알면 삼각비를 활용하여 직접 재기가 쉽지 않은 건물의 높이나 산의 높이, 두 섬 사이의 거리 등을 얼마든지 구할 수 있다.

둘째, 삼각비를 이용하면 삼각형의 넓이를 구할 수 있다.

여기서도 반문하는 친구들이 있을지 모르겠다. "삼각형의 넓이는 삼각비를 몰라도 구할 수 있지 않나요?" 물론 그렇다. 하지만 삼각비를 모르면 밑변의 길이와 높이가 주어진 경우의 삼각형의 넓이만을 구할 수 있는 반면, 삼각비를 알면 삼각형의 높이 대신 두 변의 길이와 끼인각의 크기가 주어진 삼각형의 넓이까지도 구할 수 있다. 즉, 다양한 조건하에서 삼각형의 넓이를 구할 수 있게 되는 것이다.

다음 그림을 보자.

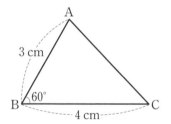

이 삼각형에는 높이가 주어져 있지 않다. 그래서 삼각비를 알지 못하는 초등학생들은 이 삼각형의 넓이를 구할 수가 없다. 하지만 삼각비를 아주 잘 알고 있는 우리 친구들은 아주 쉽게 삼각형의 넓이를 구할 수 있을 것이다.

다음 그림처럼 △ABC의 꼭짓점 A에서 밑변 BC에 내린 수선의 발을 H라 하면 △ABH는 직각삼각형이다.

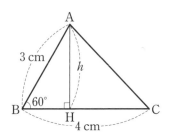

그러므로 $\sin 60° = \dfrac{h}{3}$, $h = 3 \times \sin 60°$

따라서 $\triangle ABC$의 넓이 S는 다음과 같다.

$$S = \frac{1}{2} \times (밑변의\ 길이) \times (높이)$$

$$= \frac{1}{2} \times 4 \times (3 \times \sin 60°)$$

$$= \frac{1}{2} \times 4 \times 3 \times \frac{\sqrt{3}}{2} = 3\sqrt{3}\,(\mathrm{cm}^2)$$

이처럼 삼각비를 이용하면 삼각형의 높이가 주어져 있지 않더라도 그
넓이를 쉽게 구할 수 있다는 것! 기억해 두자.

용합 뱃멀미가 느껴지면 가운데 자리로 가서 앉아

배를 타고 여행을 하는 것은 정말 낭만적인 일이지만 사람에 따라 뱃멀미로 고생하는 이들도 있다. 이리저리 흔들리는 배에서 하게 되는 뱃멀미는 자동차 멀미보다 훨씬 고약하다. 그런데 만약 멀미약을 전혀 준비하지 못한 상황에서 배를 타게 됐다면 어떻게 해야 할까? 그나마 뱃멀미를 덜 느낄 수 있는 곳으로 자리를 옮겨야 할 것이다. 뱃멀미는 선체의 상승, 하강으로 인한 동요 때문에 일어나게 되므로 움직임이 큰 곳보다는 움직임이 작은 곳을 찾아야 한다. 그렇다면 배 안의 어떤 장소가 가장 움직임이 덜할까? 바로 배의 가운데 지점이다.

다음 그림에서 배의 한가운데를 보자.

배 앞쪽은 이만큼 올라와 있다.

중앙은 움직임이 없다.

배 뒤쪽은 이만큼 가라앉았다.

앞쪽은 치켜 올라와 있고 뒤쪽은 아래로 가라앉아 있는 반면 가운데 부분은 바닥과 맞닿아 있다. 때문에 배의 가운데 부분은 앞쪽과 뒤쪽보다는 요동이 훨씬 적다. 이제부터 뱃멀미를 할 때는 우선 배의 한가운데로 옮겨 앉을 일이다.

또 친구들이 좋아하는 놀이 기구 바이킹을 탈 때도 삼각비를 생각해 보자. 배 모양의 바이킹은 바닷물만 없을 뿐이지 바다의 신 포세이돈이 성내듯 상승 하강의 반복으로 뱃멀미를 느끼게 한다. 때문에 탑승자들은 구경하는 사람들조차도 오싹하는 비명을 질러댄다. 이처럼 바이킹을 탈 때도 가운데 지점에 앉게 되면 공포감은 덜하다는 것을 기억해 두자.

 여행할 땐 클리노미터를 챙기자

간혹 산의 높이나 강의 폭, 또는 여친이나 남친의 키가 궁금할 때가 있다. 이때 각의 크기를 잴 수 있는 클리노미터를 가지고 있다면 간단하게 궁금증을 해결할 수 있다. 이 클리노미터는 시중에서 구입할 수도 있지만 간단하게 제작이 가능하니 우리 친구들의 주머니 사정을 위해 클리노미터 만드는 법을 공개한다.

우선 필요한 준비물은 두꺼운 종이, 구멍이 좀 큰 빨대, 실, 테이프, 추이다. 참고로 두꺼운 종이 대신 빈 상자 바닥 한 면을 사용하거나 실을 묶을 수 있는 추는 못 쓰게 된 이동디스크를 재활용할 수도 있다.

1. 두꺼운 종이에 반원을 그리고, 가운데를 0°로 하여 각의 크기를 표시한다(A4용지에 그린 다음 두꺼운 도화지에 붙여도 된다).
2. 빨대 중앙에 구멍을 뚫어 실을 고정시킨다.
3. 아래 그림처럼 빨대를 두꺼운 도화지에 맞추어 고정시킨다(실은 눈금이 있는 쪽으로 빼놓는다).
4. 실 끝에 추를 매달면 완성!

자! 직접 만든 클리노미터를 이용하여 각의 크기를 재보자. 참! 각의 크기를 재기 위해서는 최소 두 사람이 필요하다. 한 사람은 빨대의 구멍을 통해 구하고자 하는 건물이나 사람을 올려다봐야 하고, 다른 한 사람은 클리노미터의 추가 가리키는 각도를 읽어야 하기 때문이다.

참고로 클리노미터는 중앙이 0°이고, 추가 움직이는 대로 90°까지 잴 수 있는 기구이므로 양쪽 끝에서부터 0°로 시작하여 180°까지 잴 수 있는 각도기와는 다르다는 것도 알아두자.

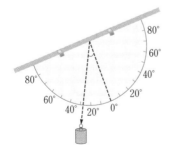
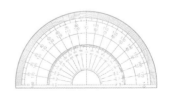

에베레스트 산의 높이를 클리노미터로 구해 봐

세계에서 가장 높은 산봉우리인 에베레스트 산의 높이는 얼마나 될까? 네팔과 중국의 국경에 있는 에베레스트 산의 높이는 나라별로, 또는 측량기법의 차이에 따라 다양하지만 공식적으로는 8,848m라고 한다. 높이에 대한 새로운 주장이 끊이지 않았으나 오늘날 공식 높이는 그렇다는 것이다.

자! 에베레스트 산의 높이를 직접 측정해 보자. 삼각비를 제대로 알고 있다면 굳이 에베레스트 산에 오르지 않고도 그 높이를 측정할 수 있으니 말이다. 수제 클리노미터만 있으면 충분하다.

네팔까지 갈 수가 없는데 어떻게 삼각비를 활용할 수 있냐고? 그럼 우리 친구들이 네팔에 갔을 때 에베레스트 산의 높이를 재보기로 하고 우선 야트막한 우리나라 산의 높이부터 측정해 보자.

다음 그림처럼 클리노미터를 이용하여 A, B 두 지점에서 산을 올려다본 각의 크기를 잰다.

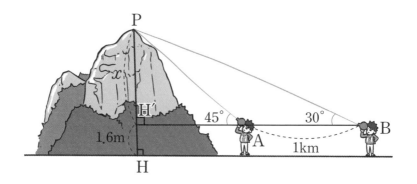

이때 산의 높이 $\overline{PH}$는 다음과 같은 순으로 구할 수 있다.

직각삼각형 PAH'에서 $\overline{PH'}=x$라 하면 $\angle A=45°$이므로

$$\tan 45°=\frac{x}{\overline{AH'}},$$

따라서 $\overline{AH'}=\frac{x}{\tan 45°}=x\,(\because \tan 45°=1)$

또한 직각삼각형 PBH'에서 $\angle B=30°$이므로 $\tan 30°=\frac{x}{\overline{BH'}}=\frac{x}{1+x}$
이다. $(\because \overline{BH'}=\overline{BA}+\overline{AH'}=1+x)$

$\tan 30°=\frac{1}{\sqrt{3}}$이므로 $\frac{1}{\sqrt{3}}=\frac{x}{1+x}$이고, 이를 풀면

$$\sqrt{3}x=1+x,$$

$$\sqrt{3}x-x=1,$$

$$(\sqrt{3}-1)x=1\text{이므로 } x=\frac{1}{\sqrt{3}-1}=\frac{\sqrt{3}+1}{2}\text{(분모의 유리화)}$$

이때 $\sqrt{3}≒1.732$이라 하면 $x=\frac{1.732+1}{2}=\frac{2.732}{2}=1.366$

따라서 내 눈높이가 약 $1.6\mathrm{m}$일 때 구하는 산의 높이 $\overline{PH}$는 $1.6+\overline{PH'}=$
$1.6+1366=1367.6\mathrm{m}$로 약 $1{,}368\mathrm{m}$이다.

참고로 1998년 미국 탐사대가 산 정상에 GPS^{위성 항법장치} 장비를 설치
하여 정밀하게 측정한 에베레스트 산의 높이는 앞서 말했듯 $8{,}848\mathrm{m}$이

다. GPS는 3개 이상의 위성으로부터 3개의 각각 다른 거리를 측정하여 삼각측량법에 따라 위치를 정확히 계산해내는 장치이다.

 피라미드에 숨어 있는 비밀

세계의 7대 불가사의이면서 약 4500년 동안 무너지지 않고 원형이 보존된 상태로 버티고 있는 최대 크기의 피라미드가 있다. 바로 이집트의 수도 카이로 근교, 기자에 있는 쿠푸왕의 피라미드이다. 이 피라미드의 원래 높이는 147m로 추정되지만 꼭대기 부분이 10m가량 파손되어 현재 높이는 137m이고 밑변의 길이는 232.8m라고 한다. 물론 이 수치에는 약간의 오차가 있을 수 있다. 게다가 이 피라미드를 구성하고 있는 돌

1개의 평균 높이는 1m이고 폭은 2m이며 그것의 무게는 2.5톤이나 되고 총 230만 개의 돌을 쌓아 완성된 것이라고 하니 약 20여 년에 걸쳐 10만 명의 인원이 동원된 것이 당연하다 할 수 있겠다.

흔히들 피라미드를 왕의 무덤으로 알고 있는데 피라미드는 정말 왕의 무덤이었을까? 기록이 없으니 추측에 의지할 수밖에 없지만 분명한 사실이 하나 있다. 바로 피라미드를 구성하는 4개의 정삼각형이 51°로 사각뿔을 이룬다는 것이다. 다시 말해 피라미드의 기울기는 51°이다. 그렇다면 피라미드의 기울기는 왜 하필 51°일까? 그 이유는 51°가 자연이 만들어내는 가장 안정적인 각도이기 때문이다.

누구나 모래성을 쌓아본 경험이 있을 것이다. 손으로 모래를 퍼 올려 자꾸 아래로 떨어뜨리면 모래산이 쌓이는 데 가장 높이 쌓였을 때 이 모래산의 기울기는 약 51°도가 된다. 마찬가지로 되를 이용하여 쌀이나 참깨를 수북하게 올렸을 때도 역시 그 기울기는 51°이다. 이처럼 51°는 자연적으로 만들어지는 가장 안정적인 기울기이다. 고대 이집트인들은 이같은 사실을 잘 알아 피라미드를 51°의 기울기로 만들었음이 틀림없다. 이러한 사실에서 우리는 자연만큼 위대한 예술가는 없다는 사실을 실감하지 않을 수 없다.

원의 성질

$\overline{AB}=\overline{CD}$이면 $\overline{OM}=\overline{ON}$

원의 원주각과 중심각은
어떤 성질이 있을까?

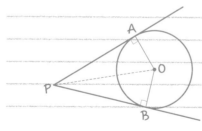

원의
성질

 원이란?

건축가 가우디 Antoni Gaudi 는 "직선은 인간의 것이지만 곡선은 신의 것이다"라고 말한 바 있다. 그의 말처럼 태양, 달, 지구, 우주를 추상해서 얻은 원은 신비스러운 존재가 아닐 수 없다. 때문에 원은 오래전부터 동서양을 막론하고 인간의 호기심을 자극하는 연구의 대상이 되어 왔다.

기원전 고대 그리스 철학의 시조이자 수학자인 탈레스 Thales 는 원에서 다음과 같은 사실들을 추론했다.

"원은 지름에 의해 이등분된다."

"반원의 원주각의 크기는 직각이다."

수학자들은 이 같은 사실을 발견하고 대충 그럴 것이라고 예상하는 것이 아니라 정말로 그러한지를 논리적으로 따져 보았다.

그리스의 수학자 히포크라테스와 아르키메데스는 원을 보고 다음과 같은 사실들을 알아냈다고 한다. 먼저 히포크라테스는 다음 그림에서 초승달 모양(가)의 넓이는 삼각형(나)의 넓이와 같다는 것을 알아냈다. 어떻게 같느냐고? 이유는 간단하다. 주어진 도형 전체의 넓이는 다음과 같이 ①, ②의 방법으로 구할 수 있다.

사분원의 반지름을 r이라 하면

① 직각이등변 삼각형의 빗변을 지름으로 하는 반원의 넓이 + (나)

빗변의 길이는 $\sqrt{2}r$이므로

$$\pi \times \left(\frac{\sqrt{2}r}{2}\right)^2 \times \frac{1}{2} + (나) = \frac{1}{4}\pi r^2 + (나)$$

② 사분원의 넓이 + (가)

사분원의 반지름은 r이므로

$$\pi r^2 \times \frac{1}{4} + (가) = \frac{1}{4}\pi r^2 + (가) \ \text{이때 ①=②이므로 (가)=(나)이다.}$$

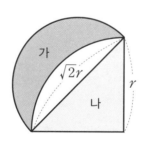

아르키메데스는 원에 외접하는 정다각형과 내접하는 정다각형을 떠올리고 그것을 이용하여 원의 넓이의 어림값을 구하는가 하면 원주율뿐만

아니라 구의 겉넓이와 부피도 계산해냈다.

　이처럼 오래전부터 사람들은 원에 대해 지극한 관심을 갖고 다양한 사실들을 발견하였으며 이 같은 사실들은 우리가 수학을 공부하는 데 많은 도움이 되고 있다.

원의 현은 어떤 성질을 가지고 있나?

　사람 얼굴 속에 입이 있는 것처럼 원 속에는 '현'이 있다. 다음 그림처럼 원주상의 두 점을 연결한 선분의 이름이 '현'이다. 입이 얼굴을 떠날 수 없듯이 현도 원을 떠나서 살 수 없다.

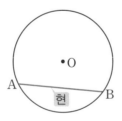

　원과 불가분의 관계에 있는 현의 성질을 알아보도록 하자.

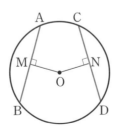

첫째, 원의 중심에서 현에 내린 수선은 그 현을 이등분한다. 즉 $\overline{AB} \perp \overline{OM}$이면 $\overline{AM} = \overline{BM}$이다.

둘째, 현의 수직이등분선은 원의 중심을 지난다. 즉 $\overline{AB} \perp \overline{OM}$이고, $\overline{AM} = \overline{BM}$이면 $\overline{OA} = \overline{OB}$이다.

셋째, 한 원에서 중심으로부터 같은 거리에 있는 두 현의 길이는 같다. 즉 $\overline{OM} = \overline{ON}$이면 $\overline{AB} = \overline{CD}$이다.

넷째, 한 원에서 길이가 같은 두 현은 원의 중심으로부터 같은 거리에 있다. 즉 $\overline{AB} = \overline{CD}$이면 $\overline{OM} = \overline{ON}$이다.

원의 접선은 어떤 성질을 가지고 있나?

원과 관계 맺고 있는 선분은 현 말고도 '접선'이 있다. 원에서 접선은 어떤 성질을 갖고 있을까?

첫째, 원의 접선은 그 접점을 지나는 반지름에 수직이다. 다음 그림에서 $\overline{PA} \perp \overline{OA}$이고 $\overline{PB} \perp \overline{OB}$이다. 참고로 이것은 우리가 중학교 2학년 과정에서 이미 배운 내용이다.

둘째, 원 밖의 한 점에서 원에 그은 두 접선의 길이는 서로 같다. 다음 그림에서 $\overline{PA} = \overline{PB}$이다.

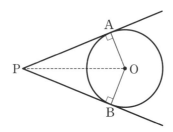

원 외부의 한 점에서 원에 그을 수 있는 접선은 딱 2개이고, 그것의 길이는 서로 같다는 것을 꼭 기억해 두자.

원의 원주각과 중심각은 또 어떤 성질이 있을까?

원의 현, 원의 접선은 모두 선분이었다. 하지만 '원주각'은 이름에서도 알 수 있듯이 원과 관계 맺고 있는 각으로 다음 그림과 같다.

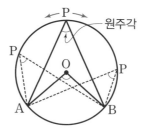

위 그림과 같이 원 O에서 $\overparen{AB}$를 제외한 원 위의 한 점을 P라 할 때, $\angle APB$를 $\overparen{AB}$에 대한 '원주각'이라고 한다. 여기서 $\angle AOB$는 $\overparen{AB}$에 대

한 중심각이다. $\overset{\frown}{AB}$가 정해지면 그 호에 대한 중심각은 오직 1개지만 원주각은 점 P가 움직임에 따라 여러 개 그릴 수 있다. 꼭 기억해 두기로 하자.

그렇다면 원에서 한 호에 대한 원주각과 중심각의 크기 사이에는 어떤 관계가 있을까? 우선 다음 그림과 같이 3가지 경우로 나누어 생각해 볼 수 있다.

첫째, 원의 중심 O가 원주각의 변 위에 있는 경우

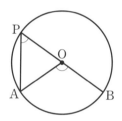

둘째, 원의 중심 O가 원주각의 내부에 있는 경우

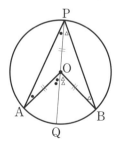

셋째, 원의 중심 O가 원주각의 외부에 있는 경우

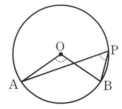

이 셋 중 어떤 경우라도 한 호에 대한 원주각의 크기는 그 호에 대한 중심각의 크기의 절반과 같다. 즉 $\angle APB = \dfrac{1}{2} \angle AOB$이다.

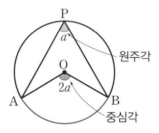

이 중 원의 중심 O가 원주각의 변 위에 있을 경우 $\angle APB = \dfrac{1}{2} \angle AOB$임을 증명해 보자.

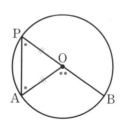

그림에서처럼 △AOP는 $\overline{OP}=\overline{OA}$인 이등변삼각형이므로

$$\angle OPA = \angle OAP$$

그런데 삼각형의 한 외각의 크기는 그와 이웃하지 않는 두 내각의 크기의 합과 같으므로

$$\angle AOB = \angle OPA + \angle OAP = 2\angle APB$$
$$\therefore \angle APB = \frac{1}{2}\angle AOB$$

따라서 원주각 $\angle APB$의 크기는 중심각 $\angle AOB$의 크기의 $\frac{1}{2}$과 같다. 참고로 반원에 대한 중심각의 크기는 $180°$이므로 반원에 대한 원주각의 크기는 $90°$이다.

원주각을 활용해 봐 1

다음 그림과 같이 한 원에는 원의 현, 원의 접선, 원주각이 있다.

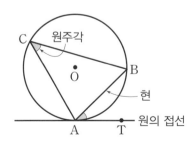

그런데 이 셋은 다음과 같은 관계에 있다. 바로 원의 접선과 현이 이루는 각은 그 각 내부에 있는 호에 대한 원주각의 크기와 서로 같다는 것이다. 위의 그림에서 ∠BAT＝∠BCA이다. 정말 그런지 한번 따져 보자.

원의 접선과 현이 이루는 각, 즉 ∠BAT의 크기를 다음 그림처럼 직각, 예각, 둔각으로 나누어서 말이다.

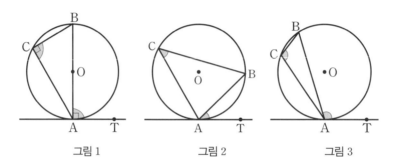

그림 1   그림 2   그림 3

첫째, ∠BAT가 직각일 때, AB는 원 O의 지름이고, ∠ACB는 반원에 대한 원주각이므로 ∠ACB＝90°이다. 따라서 ∠BAT＝∠BCA＝90°이다(그림 1 참조).

둘째, ∠BAT가 예각일 때, 다음 그림처럼 점 A를 지나는 지름 AC′를 그으면 ∠C′AT＝∠C′CA＝90°이다. 또 ∠C′AB와 ∠C′CB는 $\overset{\frown}{BC'}$에 대한 원주각이므로 ∠C′AB＝∠C′CB이다.

한편 ∠BAT＝∠C′AT−∠C′AB＝90°−∠C′AB

$$\angle BCA = \angle C'CA - \angle C'CB = 90° - \angle C'AB$$

따라서 $\angle BAT = \angle BCA$이다.

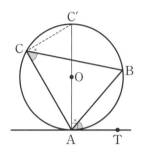

마지막으로 $\angle BAT$가 둔각일 때 역시 같은 방법으로 따져 보면 $\angle BAT = \angle BCA$임을 알 수 있다(그림 3 참조). 따라서 원의 접선과 현이 이루는 각은 그 각의 내부에 있는 호에 대한 원주각의 크기와 서로 같다. 즉 $\angle BAT = \angle BCA$이다.

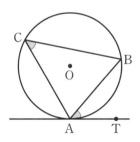

 **원주각을 활용해 봐** 2

삼각형은 그 생김새에 상관없이 각각의 삼각형을 감쌀 수 있는 외접원이 하나씩 있다. 다음 그림처럼 말이다. 즉 원은 삼각형에 외접하고 삼각형은 원에 내접한다.

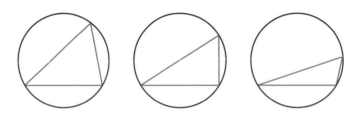

하지만 사각형은 다르다. 특별한 사각형만이 그 사각형을 감쌀 수 있는 외접원을 그릴 수 있다. 다시 말해 다음 그림처럼 특별한 사각형만이 원에 내접한다는 것이다.

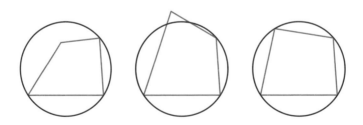

그런데 어떤 사각형이 원에 내접하기만 하면 마주보는 두 각의 내각의

크기의 합은 항상 180°가 된다. 정말 그런지 따져 보자.

　다시 말해 다음 그림처럼 사각형 ABCD가 원 O에 내접하기만 하면 ∠B+∠D=180°이고, ∠A+∠C=180°인지 따져 보자는 것이다.

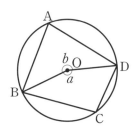

　자, 우선 원주각과 중심각 사이의 관계에서 $\angle A = \frac{1}{2}\angle a$, $\angle C = \frac{1}{2}\angle b$ 임을 알 수 있다. 그런데 $\angle a + \angle b = 360°$이므로 $\angle A + \angle C = \frac{1}{2}(\angle a + \angle b) = \frac{1}{2} \times 360° = 180°$이다.

　같은 방법으로 따져 보면 ∠B와 ∠D의 합도 180도가 된다. 즉, ∠B+∠D=180°이다. 따라서 원에 내접하는 사각형에서 마주 보는 두 각의 크기의 합은 180°이다. 이때 서로 마주보는 두 각의 이름을 '대각'이라 한다.

　사각형이 원에 내접할 경우 그 사각형의 한 외각의 크기는 그 내대각의 크기와 같다는 것도 기억해 두자. 즉 다음 그림에서 ∠DCE=∠A이고, ∠ADF=∠B이다.

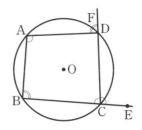

이유는 간단하다. 위 그림에서 한 쌍의 대각의 크기의 합 ∠A＋∠C＝180°이고, ∠C＋∠DCE＝180°(평각)이므로 ∠A＋∠C＝∠C＋∠DCE이다. 따라서 ∠A＝∠DCE이다.

같은 방법으로 ∠ADF＝∠B임도 쉽게 알 수 있다.

지금까지 배운 내용을 정리하면 원에 내접하는 사각형은 다음과 같은 성질을 가지고 있다.

> • 한 쌍의 대각의 크기의 합은 180°이다.
> • 한 외각의 크기는 그 내대각의 크기와 같다.

 교과 **원에 두 직선(할선)이 만나면?**

할선과 접선은 중학교 2학년 과정에서 이미 배웠지만 다시 한번 짚고 넘어가기로 하자. 다음 그림처럼 직선이 원과 두 점에서 만나면 '할선', 한 점에서 만나면 '접선'이다.

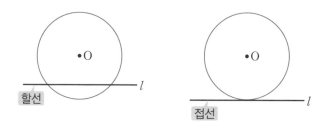

이번에는 원에 2개의 직선(할선)을 그려 보자. 다음 그림처럼 말이다.

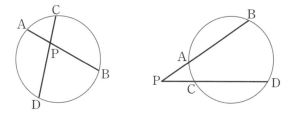

이럴 때 새로 태어난 선분의 길이 사이에는 특별한 관계 $\overline{PA} \times \overline{PB} = \overline{PC} \times \overline{PD}$가 성립한다. 중요한 성질이므로 정말 그런지 따져 보고 기억해 두도록 하자.

다음 그림의 △PAD와 △PCB에서

∠PDA = ∠PBC ($\overarc{AC}$에 대한 원주각)

∠APD = ∠CPB (맞꼭지각 또는 공통각)이므로

△PAD ∽ △PCB (AA닮음)이다.

이때 두 닮은 삼각형의 대응하는 변의 길이의 비는 같으므로

$$\overline{PA} : \overline{PC} = \overline{PD} : \overline{PB} \qquad \therefore \ \overline{PA} \times \overline{PB} = \overline{PC} \times \overline{PD} \text{이다.}$$

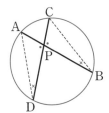
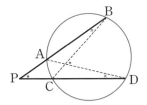

 원의 접선과 할선 사이에는?

다음 그림처럼 원의 접선과 할선이 만난다면? 다시 말해 선분의 길이의 비 사이에는 어떤 관계가 있을까?

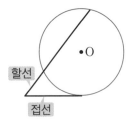

다음 그림처럼 기호를 붙이면 $\overline{PT}^2 = \overline{PA} \times \overline{PB}$가 성립한다.

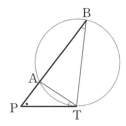

정말 그럴까?

△PAT와 △PTB에서

∠PTA＝∠PBT(접선과 현이 이루는 각)

∠APT＝∠TPB(공통각)이므로

△PAT∽△PTB(AA닮음)

이때 서로 닮은 두 삼각형에서 대응변의 길이의 비는 같으므로

$\overline{PA} : \overline{PT} = \overline{PT} : \overline{PB}$

따라서 $\overline{PT}^2 = \overline{PA} \times \overline{PB}$

지금까지 배운 내용을 정리해 보도록 하자.

원의 외부에 있는 한 점 P에서 원에 그은 접선 PT와 할선 AB가 만나면 $\overline{PT}^2 = \overline{PA} \times \overline{PB}$이다. 이것을 원의 접선과 할선의 성질이라고 한다. 원의 접선과 할선의 성질은 그 활용도가 높으니 꼭 기억해 두도록 하자.

네 점이 한 원 위에 있으려면?

네 점이 한 원 위에 있다는 것은 네 점으로 이루어진 사각형이 원에 내접한다는 것과 같다. 따라서 네 점이 한 원 위에 있도록 하는 조건은 곧 사각형이 원에 내접할 수 있도록 하는 조건과 동일하다. 이제 사각형이 원에 내접하려면 어떤 조건을 충족시켜야 하는지를 살펴보도록 하자.

첫째, 마주보는 두 내각의 크기의 합이 180°이면 사각형이 원에 내접한다. 즉 $\angle A + \angle C = 180°$, $\angle B + \angle D = 180°$이면 된다.

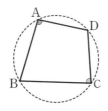

둘째, 한 외각과 그 내대각의 크기가 같으면 사각형이 원에 내접한다. 즉 $\angle DCE = \angle A$이면 된다.

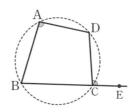

셋째, 원에서의 비례 관계가 성립하면 사각형이 원에 내접한다. 즉 $\overline{PA} \times \overline{PB} = \overline{PC} \times \overline{PD}$이면 된다.

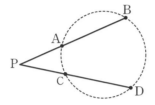 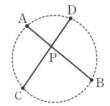

마지막으로 다음 그림에서와 같이 한 선분에 대하여 같은 쪽에 있는 각의 크기가 같으면 네 점은 한 원 위에 있게 된다. 즉 사각형이 원에 내접한다. 다시 말해 $\angle BAC = \angle BDC$이면 네 점 A, B, C, D는 한 원 위에 있다.

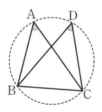

이 중 세 번째만 선분에 관한 조건이고 다른 셋은 몽땅 각에 관한 조건임을 잊지 말자.

직선으로 부드러운 곡선을 그릴 수 있다

다음 그림과 같이 직선을 사용하여 부드러운 곡선을 만들어내는 디자인을 흔히 '라인 디자인'이라고 한다.

 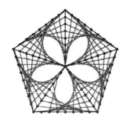 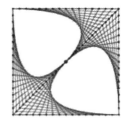

이런 라인 디자인은 어떻게 만들어질까? 정삼각형을 이용한 라인 디자인의 경우에는 다음과 같은 과정을 거친다.

첫째, 정삼각형 각 변을 무수히 많은 점으로 등분할한다.
둘째, 등분할을 해둔 점끼리 연결하여 길이가 같은 직선을 여럿 그린다.

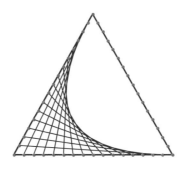

위 그림처럼 길이가 같은 직선을 여럿 그리면 정삼각형의 내부에 곡선을 발견할 수 있다. 하지만 이 곡선은 실제로 그려진 것이 아니라 우리 눈의 착시현상에 의해 곡선처럼 보이는 것이다. 좀 더 많은 점을 이어 보면 다음 그림과 같은 라인 디자인을 만들 수 있다.

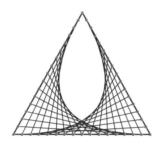 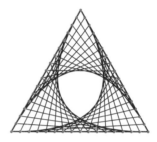

이와 같은 원리를 그대로 살리면 원의 내부에 또 다른 원을 그릴 수도 있다. 다음과 같은 순으로 말이다.

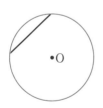  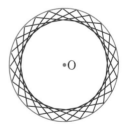

1. 원 O에 일정한 길이의 현을 1개 그린다.

2. 앞에서 그린 현과 길이가 같은 현을 여럿그린다. 이처럼 길이가 같은 현을 무수히 많이 그리면 원 O의 내부에 또 다른 원이 그려진다.

이때 원 안의 원은 실제로 원은 아니지만 착시현상에 의해 원처럼 보인다. 착시현상으로 보여진 원이다. 그것이 원인 이유는 길이가 같은 현은 원의 중심으로부터 같은 거리에 있기 때문에 그 거리를 반지름으로 하는 원이 되는 것이다. 한 원에서 길이가 같은 두 현은 원의 중심으로부터 같은 거리에 있으니까 말이다.

아르벨로스 도형의 비밀

'히포크라테스의 초승달'에 이어 '아르벨로스 도형'에 대한 이야기를 해 볼까 한다.

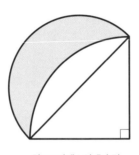

히포크라테스의 초승달

다음 그림이 아르벨로스 도형으로 큰 반원 안에 2개의 작은 반원이 내접하고 있다.

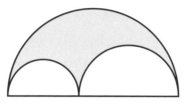

아르벨로스 도형

   이때 색칠한 부분의 도형의 이름을 '아르벨로스Arbelos'라고 부른다. 3개의 반원으로 둘러싸인 아르벨로스는 고대 그리스의 구두를 만드는 사람의 칼을 뜻하는 말로, 그 모양이 구두 수선공이 가죽을 자를 때 사용하는 칼의 모양과 비슷하여 붙은 이름이라고 한다.

   어쨌거나 히포크라테스의 초승달처럼 아르벨로스 도형에도 성질이 있다. 아르벨로스는 10가지가 넘은 수학적 성질을 가지고 있지만 여기서는 그 중에 3가지를 다뤄 보기로 한다.

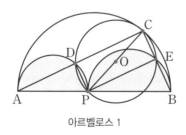

아르벨로스 1

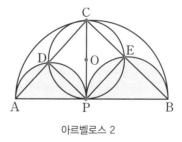

아르벨로스 2

   ① 위의 그림과 같이 큰 반원 위의 한 점 C를 잡아 양 끝점 A, B와 연

결한 선분 $\overline{\text{CA}}$, $\overline{\text{CB}}$, 2개의 작은 반원과 만나는 점을 각각 D, E라고 하면 사각형 CDPE는 직사각형이다.

이유는 간단하다. 반원에 대한 원주각의 크기는 90°이므로 $\angle$C＝$\angle$ADP＝PEB＝90°가 되기 때문이다. 따라서 사각형 CDPE는 직사각형이 된다.

② 직사각형 CDPE는 $\overline{\text{CP}}$를 지름으로 하는 원 O에 내접한다.

③ 특히 그림 아르벨로스 (2)처럼 $\overline{\text{AB}}\perp\overline{\text{CP}}$일 때 아르벨로스 도형의 넓이는 원 O의 넓이와 같다. ②, ③이 왜 그러는지는 각자 생각해 보기로 하자.

톨스토이는 알고 있었을까?

러시아의 작가 톨스토이 Lev Nikolayevich Tolstoy가 쓴 『사람에게는 얼마만큼의 땅이 필요한가』라는 소설에는 다음과 같은 문장이 나온다. "해 뜰 무렵부터 해 질 녘까지 걸어서 그 자리로 다시 돌아온 만큼의 땅을 자네에게 주겠네." 지주가 가난한 농부 바흠에게 던진 이 같은 말은 요즘처럼 경제적 불황이 심화된 시기에는 누구에게나 솔깃하게 들릴 것이다.

어쨌든 바흠은 처음엔 가벼운 마음으로 출발한다. 하지만 다시 없을 기회라는 생각에 그의 발걸음은 점점 빨라진다. 결국 그가 타는 듯한 햇빛 아래 안간힘을 써서 되도록 넓은 땅을 확보하고 출발지로 돌아오니

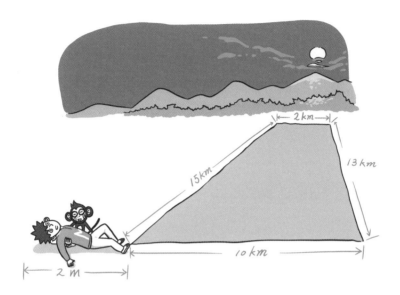

해 질 녘이 다 되었다. 그런데 이게 무슨 일인가? 자신의 욕심을 채우기 위해 무진 애를 쓰고 나니 과도한 노동에 지친 몸이 견뎌주질 않았다. 어처구니없게도 하루 내 걸었던 땅이 자신의 땅이 되려는 순간 바흠은 쓰러져 죽고 만다. 그리고 모든 일이 끝나고 나니 그에게 필요한 땅은 겨우 그가 죽은 뒤 묻히게 될 2m²에 불과했다.

우리는 이 소설에서 2가지 교훈을 얻을 수 있다.

하나는 '과유불급過猶不及'이다. 지나친 것은 미치지 못한 것과 같다는 뜻으로 욕심이 지나치면 화를 불러오므로 지나치지 않도록 조심해야 한다는 것을 의미한다.

또 하나는 르네상스 이후의 근대 철학자 베이컨Francis Bacon의 말, "아는 것이 힘이다."이다. 바흠이 사각형이 아니라 원 모양으로 걸었다면 어쩌면 땅도 얻고 목숨도 건질 수 있었을지 모른다. 같은 넓이라 하더라도 원을 따라 걷는 것이 직사각형을 그리며 걷는 것보다 거리가 짧기 때문이다.

그렇다면 이쯤에서 소설 속 바흠이 걸었던 사각형의 땅과 원 모양의 땅을 비교해 보기로 하자. 소설에서 바흠은 10km쯤 걸어가다 왼쪽으로 꺾어 13km를 더 걷고 다시 좌회전하여 2km를 더 걸었다. 그리고 출발점으로 돌아온 바흠의 동선을 그림으로 그리면 다음과 같이 사다리꼴 모양이 된다.

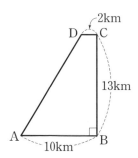

따라서 바흠이 차지할 수 있었던 땅의 넓이는 $S = (2 + 10) \times 13 \times \dfrac{1}{2}$ $= 78\text{km}^2$이고, 바흠이 하루 내 걸었던 거리는 약 $10 + 13 + 2 + 15 = 40\text{km}$에 달할 것이다. 이때 D지점에서 출발점까지의 거리 약 15km는 피타고라스 정리를 이용해서 쉽게 구할 수 있으니 각자 구해 보도록!

다시 본론으로 돌아가서 이번에는 바흠이 획득한 78km²의 땅을 원 모양으로 얻는다면 얼마나 걸어야 하는지를 따져 보자.

우선 원의 넓이는 πr^2이므로 $\pi r^2 = 78$인 이차방정식이 성립된다. 이를 풀면 $r \fallingdotseq 5$, 따라서 걸어야 할 원의 둘레는 $2\pi r \fallingdotseq 2 \times 3.14 \times 5 = 31.4$km 로 바흠이 사각형 모양으로 하루 내 걸어간 거리 40km에 훨씬 못 미친다. 즉, 만약 바흠이 원 모양으로 걸었다면 31.4km만 걸어도 78km^{2}의 땅을 손에 넣을 수 있었던 것이다.

이를 통해 우리는 둘레가 일정하다면 원이 다각형보다 훨씬 큰 넓이를 가진다는 것을 알 수 있다. 직접 예를 들어 보면 다음과 같다.

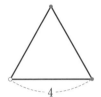 

이들은 모두 둘레의 길이가 12인 정다각형이지만 넓이는 각각 다르다. 셋의 넓이는 순서대로 $4\sqrt{3}$, 9, $12\sqrt{3}$이다. 그리고 $4\sqrt{3} < 9 < 12\sqrt{3}$이므로 넓이가 가장 큰 도형은 정육각형이다. 즉, 둘레가 같은 정다각형들은 변의 수가 많을수록 넓이가 커지는 것이다. 그리고 변의 수가 많다는 것은 원과 닮았다는 것을 의미한다. 변의 수가 많은 다각형을 상상해 보자. 변의 수가 적은 다각형보다 훨씬 원에 가깝다는 것을 알 수 있다. 그래서 둘레가 일정할 때 가장 넓은 넓이를 가진 도형은 원이다. 이처럼 우리는 원을 통해서 최소의 길이로 최대의 공간을 확보할 수 있다.

맨홀 뚜껑으로 원 모양이 좋은 이유?

길거리에서 다음 그림과 같은 맨홀을 본 적 있을 것이다. 맨홀이란 땅 속에 묻은 수도관이나 하수관 따위를 검사하거나 수리하기 위하여 땅 속으로 사람이 드나들 수 있게 만든 구멍으로, 평소 쓰지 않을 때는 사람들이 빠지지 않도록 뚜껑을 단단히 닫아둔다. 이러한 맨홀 뚜껑의 모양은 대부분 원형이다. 어째서 그럴까? 왜 정삼각형이나 정사각형과 같은 정다각형이 아니라 원 모양을 하고 있는 걸까? 우선 맨홀 뚜껑은 절대 땅 속 구멍으로 빠지지 않아야 한다. 맨홀 뚜껑이 지하로 빠져 버리면 그 곳을 지나가던 사람도 쉽게 땅 속으로 빠져 버릴 수 있다.

얼마 전 실제로 그런 일이 있었다. 서울에 사는 초등학생 남매가 맨홀 뚜껑 위에서 뛰어 놀다가 맨홀 뚜껑이 땅 속으로 떨어지는 바람에 8m 깊이의 맨홀에 함께 추락해 버린 것이다. 다행히 지하에 물이 많지 않은데다 키 큰 누나가 까치발을 한 채 호흡을 유지하며 동생을 보호해 생명에 지장 없이 제 시간에 구출이 되긴 했지만 생각만 해도 아찔한 상황이다.

그렇다면 맨홀 뚜껑은 왜 갑자기 지하로 떨어져 버린 것일까? 문제는 그 모양이었다. 당시 추락한 맨홀 뚜껑은 가로 2m, 세로 0.6m인 사각형모양이었는데 사각형의 맨홀 뚜껑은 한 변의 길이가 대각선 길이보다 짧아서 대각선 쪽으로 세우면 구멍 속으로 빠져버릴 수밖에 없기 때문이다. 정삼각형 모양도 마찬가지이다. 정삼각형의 높이가 한 변의 길이보다 짧아 삼각형 모양의 맨홀 뚜껑을 수직으로 세우면 뚜껑이 안으로 빠져 버리게 된다.

하지만 맨홀 뚜껑이 원 모양일 경우에는 뚜껑이 구멍 속으로 빠질 염려가 없다. 중심에서 같은 거리에 있는 원은 어떤 방향에서 길이를 재도 가장 긴 길이가 항상 같기 때문이다. 맨홀 뚜껑이 대부분 원 모양인 것은 바로 이러한 이유에서다.

 **이차원을 벗어나면?**

성냥개비 6개로 정삼각형 4개를 만들어 보자. 그런데 어째 성냥개비 6개를 바닥에 놓고 정삼각형 4개를 만들려고 하니 막막하기만 하다. 사실 이 같은 방법으로는 하루 이틀이 아니라 평생이 걸려도 답을 구할 수 없다. 하지만 입체도형을 떠올리기만 하면 10초 안에 삼각형 4개가 순식간에 만들어진다. 다음 그림과 같은 정사면체가 성냥개비 6개로 삼각형 4개를 만든 경우다.

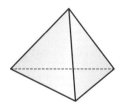

여기서 우리는 차원을 생각해 볼 수 있다. 차원이 바로 평면과 입체의 차이이기 때문이다. 가끔 아이들이 문제를 해결하지 못해 헤매고 있을 때 교사는 아이들에게 이차원적인 사고를 넘어서는 삼차원적인 사고를 주문하기도 한다. 이때 이차원적인 사고는 평면적인 사고를 이르는 말이고, 삼차원적인 사고는 공간을 생각한 입체적인 사고를 가리키는 말이다.

수학에서 '차원'이란 위치를 나타낸 숫자가 몇 개인가에 따라 정해진다. 점의 위치를 나타내기 위해 필요한 최소한의 좌표의 수가 1개이면 일차원, 2개이면 이차원, 3개이면 삼차원이 된다.

예를 들어 볼까? 긴 장대를 타는 광대가 있다고 하자. 이 광대의 위치를 표현하기 위해서는 높이 하나면 충분하다. 때문에 필요한 좌표 수는 1개다. 좌표 하나로 광대의 위치를 말할 수 있는 것! 일차원이다. 벽을 타는 거미인간 스파이더맨은 어떨까? 스파이더맨은 광대와는 좀 다르다. 광대는 외줄을 타므로 위, 아래 혹은 좌, 우 중에 점 하나를 나타내면 끝이지만 스파이더맨은 위, 아래는 물론이고 좌, 우까지 위치 이동이 가능하므로 스파이더맨의 위치는 상하좌우를 나타내는 가로, 세로의 2개의 숫자가 필요하다. 따라서 스파이더맨은 이차원 세상에 산다고 말할 수 있다.

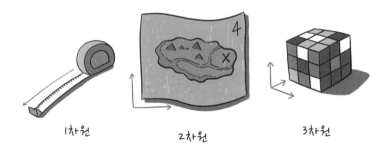

1차원   2차원   3차원

　그렇다면 공간을 넘나드는 슈퍼맨이나 파리의 위치는 어떻게 나타낼 수 있을까? 슈퍼맨이나 파리의 위치를 말하기 위해서는 가로, 세로는 물론이고 높이까지 필요하다. 또 우리 뇌도 마찬가지이다. 뇌는 구형인 입체를 이루고 있기 때문에 어느 한 곳의 위치를 파악하기 위해서는 가로, 세로 ,높이 모두가 필요하다. 이렇게 슈퍼맨이나 파리, 그리고 우리의 뇌는 그들의 위치를 나타내기 위해 가로, 세로, 높이와 같이 3개의 수가 필요하므로 삼차원이다. 삼차원에 사는 슈퍼맨이나 파리의 입장에서 보면 땅바닥만 걸어 다니는 사람이나 동물들이 답답해 보일지도 모른다. 높이 날다 보면 땅에 사는 우리보다 더 많은 것을 볼 수 있을 테니 말이다.

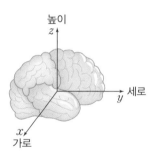

　이 말은 일차원보다는 이차원이, 이차원보다는 삼차원이 더 많은 것을 그 안에 품고 있다는 이야기와도 일맥상통한다. 평면상에 있는 다각형은 삼각형, 사각형, 오각형처럼 그 이름 안에 그것들의 모습이 쉽게 드러나지만 공간상에 있는 다면체는 사면체, 오면체, 육면체와 같은 이름만으로 그것들의 모습을 가늠하기 힘들다. 그만큼 삼차원인 입체도형은 이차원인 평면도형에 비해 복잡하다. 따라서 우리는 0차원의 점, 일차원의 선, 이차원의 면, 삼차원의 입체와 같은 그들의 이름에서부터 그것들의 복잡성을 가늠해 볼 수 있다.